# キーワードで読む 環境問題 55

**NGO環境パートナーシップ協会会長**
## 立山裕二

総合法令出版

## はじめに

　近年、地球環境問題への関心が高まってきましたが、その関心の持ち方が変化してきているように感じます。
　以前は地球温暖化や森林破壊など、個別のテーマに関心を持つ人の割合が高かったのですが、最近はかつての公害問題や身近な環境問題も含めて総合的に知りたい・学びたいという人が増えています。
　そして、「エコ活動や環境経営などの実践を通じて社会に貢献したい」と願う人が急増しています。

　本書はこのような方にお役に立てるよう、「地球のこと、自然界のこと、公害問題、地球環境問題、環境経営、エコ活動、環境対策など」が総合的に学べる構成になっています。
　大きく分けて、第1章と2章は主に「知っておくべきこと」をやや詳しく説明し、第3章と4章は「知っておきたいこと」をできるだけシンプルに解説しています。

　なお、本書の内容は基本的な知識レベルにとどめており、あまり深い議論に立ち入っていません。まずは基本を積み重ねて環境問題の全体像をつかんでください。そうすることで、より深い議論にも加わることもできるようになり、問題解決のアイデアもたくさん湧いてくるはずです。
　もし疑問が湧いてきたり、異論を耳にして「何が本当のことなのか分からない」など混乱した場合には、拙著『目からウロコなエコの授業』（総合法令出版）をお読みください。

### ■ eco 検定にも対応

　eco 検定は、環境に対する幅広い知識をもち、社会の中で率先して環境問題に取り組む人づくり、そして環境と経済を両立させた「持続可能な社会」

を目指す「環境社会検定試験」です。平成18年に第1回検定が行われ、平成19年から年2回の実施となりました。第1回検定の受験者数は約14,000人でしたが、環境意識の高まりや、この検定試験自体の有望性により受験者数が著しく増加しています。

平成21年12月20日に実施された第7回検定では申込者数が過去最高の34,403人となり、前年の同時期に行われた第5回検定に比べて1万人も増加しています。

知名度アップも加わり、今後ますます受験者数が増えるのは間違いないでしょう。

本書はeco検定にも大いに役立つよう、厳選した55のキーワードについて分かりやすく解説しています。しかもキーワードすべてに「eco検定ワンポイント・アドバイス」を付記し、検定合格を強力にサポートしています。

私は第1回検定で合格して以来、eco検定受験講座の講師をしてきました。このワンポイント・アドバイスは、その経験を生かして、多くの学習者が間違いやすいところをピックアップしています。

本書によって、たくさんのエコ・ピープル（幅広い環境問題に対する知識を持ち、実践する人）が誕生することを心から願っています。

本書の出版に際し、編集を担当してくださった総合法令出版の斉藤由希さんに、徹夜続きの私を励ましてくれた最愛の家族に、そしてご縁のあるすべての方々に、心から感謝の気持ちを捧げます。

平成22年2月2日　立山裕二

# 目次

はじめに

## 第1章　地球に関する基礎知識
- キーワード 1　地球 …………………………………… 8
- キーワード 2　大気 …………………………………… 10
- キーワード 3　海 ……………………………………… 12
- キーワード 4　川 ……………………………………… 14
- キーワード 5　土壌 …………………………………… 15
- キーワード 6　森林 …………………………………… 16
- キーワード 7　生態系 ………………………………… 22

## 第2章　地球に起こっている異変
- キーワード 8　典型7公害 …………………………… 30
- キーワード 9　四大公害病 …………………………… 32
- キーワード 10　大気汚染 ……………………………… 34
- キーワード 11　水質汚濁 ……………………………… 36
- キーワード 12　ヒートアイランド現象 ……………… 44
- キーワード 13　都市型環境問題 ……………………… 46
- キーワード 14　シックハウス症候群 ………………… 48
- キーワード 15　ローマクラブ ………………………… 50
- キーワード 16　地球温暖化(気候変動) ……………… 52
- キーワード 17　水資源問題 …………………………… 60
- キーワード 18　オゾン層の破壊 ……………………… 70
- キーワード 19　森林破壊 ……………………………… 80
- キーワード 20　酸性雨 ………………………………… 87
- キーワード 21　生物多様性の危機 …………………… 94
- キーワード 22　食糧問題 ……………………………… 99

## 第3章　循環型社会に向けて
- キーワード 23　サステナブル ………………………… 104
- キーワード 24　地球サミット ………………………… 105
- キーワード 25　京都議定書 …………………………… 108
- キーワード 26　京都メカニズム ……………………… 110
- キーワード 27　循環型社会 …………………………… 112
- キーワード 28　廃棄物 ………………………………… 118

キーワード29　リサイクル･････････････････････････････････121
キーワード30　エコロジカル・フットプリント････････････････124
キーワード31　エコロジカル・リュックサック････････････････126
キーワード32　資源生産性･･･････････････････････････････127
キーワード33　グリーンＧＤＰ････････････････････････････129
キーワード34　新エネルギー･････････････････････････････131
キーワード35　バックキャスティング･･･････････････････････133
キーワード36　エコライフ･･･････････････････････････････134
キーワード37　ロハス（ＬＯＨＡＳ）････････････････････････135
キーワード38　食料自給率･･･････････････････････････････137
キーワード39　エコファンド･････････････････････････････139
キーワード40　グリーンコンシューマー････････････････････140
キーワード41　Good 減税・Bad 減税･････････････････････142
キーワード42　環境経営････････････････････････････････144
キーワード43　ＣＳＲ･･････････････････････････････････160
キーワード44　ゼロエミッション･････････････････････････162
キーワード45　化学物質の環境リスク･････････････････････164
キーワード46　グローカリー････････････････････････････168
キーワード47　環境モデル都市構想･･･････････････････････169
キーワード48　モーダルシフト･･････････････････････････170
キーワード49　チャレンジ２５キャンペーン････････････････173
キーワード50　エコマネー･････････････････････････････174
キーワード51　ナショナル・トラスト活動･････････････････175
キーワード52　コミュニティ・ビジネス･････････････････････176

**第４章　環境保全に関する法規制**
キーワード53　予防原則････････････････････････････････180
キーワード54　ノーリグレット・ポリシー･････････････････181

おわりに

キーワード55　もったいない･･･････････････････････････186

# 1章

## 地球に関する基礎知識

これから地球上で起こっている環境問題について学んでいくわけですが、そのためにはまず、「地球そのもの」について知ることが大切です。
地球という惑星のこと。そこに誕生し、進化してきた生命のこと。そして多種多様な生命が集まり、形づくられてきた生態系のこと……。
私たちが生活している地球を知ることで、世界中で起こっている環境問題を解決するための知恵が湧いてくるはずです。

# キーワード 1　地球

## ■地球の歴史

　地球は約46億年前に誕生しました。41億年前に陸と海が形成され、約40〜38億年前に海中でアミノ酸から原始生命体ができたと考えられています。27億年前頃に光合成を行うラン藻類などが出現し、大気中の二酸化炭素を消費するとともに海水中に酸素を供給し始めました。約20億年前には大気中にも酸素が供給されるようになりました。

　6億年前に大気中の酸素をもとにオゾン層が形成され始め、有害な紫外線を吸収するようになりました。こうして陸上に生命が進出できる環境ができ、約5億年前に植物、4億年前には動物の陸上進出が始まりました。やがて木性シダ類の森林もでき、多くの生き物がお互いに関係しあう豊かな陸上の生態系（22ページ）が形成されることになったのです。

## ■現在の地球

　地球は半径約6400kmのほぼ球形をした太陽系の第3惑星で、唯一、地表に液体としての水が存在し、人類をはじめ数千万種とも言われる多種多様な生物が活動しています。太陽からの平均距離は約1億5千万kmで、自転周期23時間56分4秒で、太陽の周囲を365.2564日かけて公転しています。

　地表面の約71％が海、約29％が陸地です。また陸地面積の30％が森林です。

### ◆地球カレンダー

　地球の誕生から現在までの歴史を1年（365日）に圧縮したものを「地球カレンダー」といいます。46億年前の地球誕生の日を1月1日とすると、光合成を行うバクテリアが現れたのが5月31日（27億年前）、オゾン層が形成され始めたのが11月14日（6億年前）になりま

8

す。
　そして最初の人類が地球上に現れたのは12月31日の16時（450万年前）、産業革命が起こったのが同日の23時59分58秒。何とわずか2秒というごく短時間で、人類は大量の化石燃料を消費し、自然を破壊してきたことになるのです。

> **eco検定 ワンポイント・アドバイス**
> 　地球の歴史について出題される可能性が高いので、年代と出来事とをしっかり結びつけて記憶しておきましょう。

## キーワード2 大気

■大気の組成

現在の大気の組成は、窒素（78.1％）、酸素（20.9％）、アルゴン（0.93％）、二酸化炭素（0.03％）です。最近では、二酸化炭素の割合が0.038％を超えており、0.04％に近づいています。

■大気の層

地球を取り巻く大気の厚さは500kmにも及び、対流圏、成層圏、中間圏、熱圏という層構造になっています。

◆対流圏

地上から10～15kmの大気の最も下にある層で、文字通り空気が対流して気象変化が起こっています。地球の大気の約75％、水蒸気のほとんどが含まれています。

◆成層圏

対流圏の上端から約50kmくらいまでをいい、大気が比較的安定した状態にあります。成層圏の中にはオゾン層があり、太陽からの有害紫外線を吸収しています。

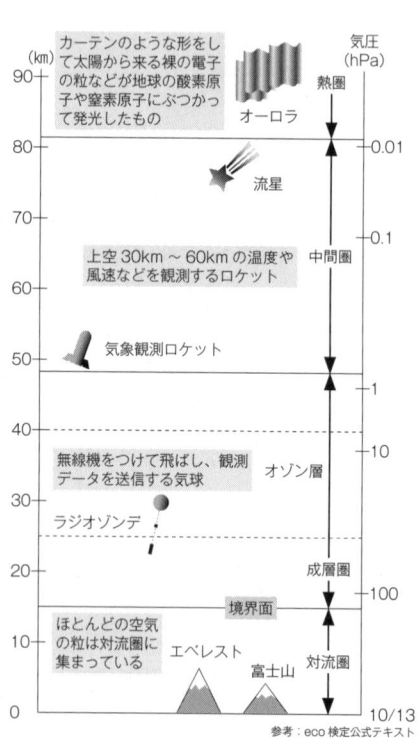

参考：eco検定公式テキスト

10

◆中間圏
　高度50kmから約80kmまでをいい、成層圏と熱圏の間にあります。成層圏では気温が高度とともに増加しますが、中間圏では対流圏と同じように高度が上がるほど気温が低下します。

◆熱圏
　中間圏よりもさらに上方にあり、温度が高いのでこの名がついています。高緯度地方で見られるオーロラは熱圏で起こる現象です。

■大気の役割
①生物の生命維持に必要な酸素と、植物の光合成に必要な二酸化炭素を供給する。
②地表温度を生物が生活するための適度な温度に保つ。
③大気循環により、水（水蒸気）や各種気体を地球規模で移動させ、気候を和らげる。
④オゾン層により、生物に有害な紫外線を吸収する。
⑤宇宙から飛来する隕石を摩擦熱で消滅させ、地表に届かせない。

eco検定 ワンポイント・アドバイス

①大気の組成のところで0.038％という値が出てきますが、これは380ppmと同じことです。％は百分率、ppmは百万分率を表すので％を1万倍するとppmになり、ppmを1万で割ると％になります。
　念のためですが、たとえば「100個のうち1個あれば1％」「100万個のうち1個あれば1ppm」になります。
②地球温暖化は対流圏（とくに下部）、オゾン層破壊は成層圏で起こります。

## キーワード3 海

海洋は地球表面の約71％を占め、地球上の水の約97.5％が存在しています。

海の表層と深海底には、海水の大きな流れである海洋大循環があります。表層を流れる海流は風や海水密度の差によって生じ、暖流と寒流があります。

深層の海流は、北極周辺で海底に沈み込み、1000年以上もかけて世界中の深海底を巡り、再び北極周辺まで戻ってきます。熱塩循環とも呼ばれるこの循環は、まだ十分に解明されていないものの、地球の気候に深く関わっていると考えられています。

◆海の役割
①地上生物に不可欠な淡水の供給源となる。
②二酸化炭素を吸収・貯蔵する。
③海洋生物の生存・成長の環境を与え、海洋資源を育成する。
④海流などの循環によって、物質を移動させ、気候を安定化する。

◆生物ポンプ
海洋中の植物プランクトンなどの生物が光合成によって取りこんだ二酸化炭素は、食物連鎖を通じて多くの海洋生物の体を形成します。そしてその遺骸（炭酸カルシウムなど）が海洋内部の中・深層に堆積し貯蔵されます。これを生物ポンプによる「海洋の二酸化炭素の貯蔵機能」といいます。海洋の二酸化炭素の吸収量は、地球上のすべての森林が吸収する量に匹敵するといわれています。

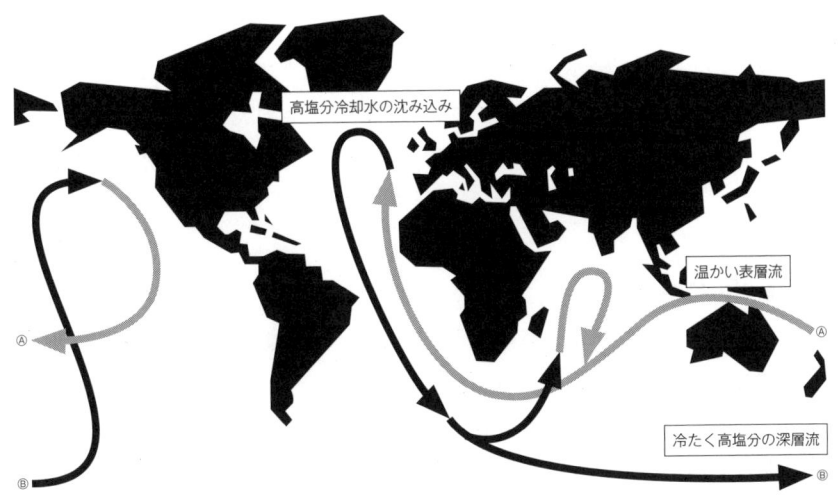

出典：EICネット
http://www.eic.or.jp

> **eco検定 ワンポイント・アドバイス**
>
> 　生物ポンプは、海上の大気に含む二酸化炭素が生物の働きによって「あたかもポンプのようなメカニズムで海底に運ばれる」ことから名付けられました。

## キーワード 4 川

　太陽の熱によって海水から蒸発した水蒸気が上空で冷やされて雲となり、陸上に雨や雪となって降り注ぎます。ここで供給された淡水は、河川に流れ込んで海に運ばれます。この「水循環」は陸上生命に不可欠な水の供給源となります。

◆川の役割
①飲料水、生活用水、農業用水、農業用水、工業用水、水力発電など、私たちの生活に重要な水資源を供給する。
②水とともに上流の森や土壌から窒素・リン・カリウムなどの栄養分を運び、河川に豊かな生態系をつくる。さらに海まで運ばれた栄養分は、植物プランクトンや海草を繁茂(はんも)させ、魚介類が生息する海中生態系を育てる。
③サケ・マス・アユなどの遡上(そじょう)魚が生息できる環境を提供する。

### eco検定 ワンポイント・アドバイス

　漁師さんたちは、昔から川の役割について知っていて、「森は海の恋人」とか「森が死ねば海も死ぬ」と表現していました。近年、山間部の森林が衰退していることを危惧し、山に木を植えに行っています。こうして造られる森林を「魚つき林」と呼びます。

 ## 土壌

　土壌は、岩石が風化して細かくなった無機物やコロイド状の無機物（粘土）、動植物の死骸などの粗大な有機物、その粗大な有機物が微生物などで分解されてできる有機物（腐植）などを含んでいます。

　土壌は多くのすき間を持ち、その中で多くの土壌生物（微生物・原生動物・動物・植物）が生息しています。

　土壌生物の種類や生息数は生態系の状態によって異なりますが、豊かな森林の土壌には藻類が1グラム中に10万個、細菌にいたっては1グラム中に1億個が生息しています。

◆土壌の役割
①根を張らせ、食料となる農作物や木材資源となる樹木の生長を支える。
②さまざまな物質を分解し、植物の養分を供給する。
③水を浄化し、水を蓄える。

## 森林

　森林は広範囲にわたって樹木が密集している場所のことをいい、大きく分けて、人工林と原生林（自然林、天然林）の2種類があります。

　同じ林という文字がついていても、この2つは性質が異なります。一般的に人工林は人間がつくった森林で、原生林は人間が手を加えていない森林です。

### ■人工林の特徴

①同じ種類の木ばかり

　一般に、人工林には1ヘクタール当たり1～2種類の木しか植えられていません。しかもマツ、スギ、ヒノキなどの針葉樹がほとんどです。

　しかし、同じ種類の木ばかりだと、病虫害が発生した時、あっという間に被害が広がり、その一帯が全滅してしまいます。

　また、人工林は落葉するものが少なくて土が非常にやせています（栄養分が非常に少ない状態）。このため生物がほとんど棲みつかず、生態系を育む力が極めて弱いのです。

②光合成の能力と空気浄化の力が弱い

　針葉樹は葉の面積が小さいので、二酸化炭素の吸収、酸素の発生、汚染物質の浄化能力が広葉樹と比べてかなり劣ります。

　また根や葉に蓄える水量も少ないので、保水能力があまりありません。

③人手をかけないと育たない

　人工林は適当な時期に間伐しないと、隣接する木と木の間で栄養を奪い合うためうまく育ちません。

　また、成長するにつれて一帯の木の葉が重なり合い、密集するようになり

ます。このために降った雨水が葉伝いに流れ、地面に届かなくなってしまいます。

さらに、地面に太陽の光が当たらなくなり、下草も生えません。その結果、土が乾燥し、木が弱ってしまうのです。

## ■原生林の特徴

①多種類の樹木と多くの生物が共生している

原生林には、同じ種類の木は1ヘクタールに数本しか存在しません。しかもその数本は離ればなれになっているので、病虫害が発生しても伝染しにくいのです。

また、原生林にはシダ類や草花などが共生して、密集しています。木ノ実や果実なども豊富にあり、多くの昆虫、鳥、動物が共生し、生物の声、羽音、ざわめきが聞こえ、大変にぎやかです。

このように原生林は、たくさんの樹木の周りに多様な生態系を形づくっているのです。

②豊かな土壌を作り、保水能力にもすぐれる

原生林には落葉樹が多く動物も多いので、落ち葉や動物の糞や死体が微生物によって分解されます。

その結果、栄養分豊かな土が作られ、それが木の成長のために使われるという循環によって生態系が維持されるのです。

また、豊かな森や土壌は保水力にすぐれているので、巨大なダムのような働きをします。

③光合成の能力と空気浄化の力が強い

原生林には葉の面積が大きな広葉樹が多いので、二酸化炭素の吸収力、酸素の供給力つまり光合成の力が強いのは当然です。

また汚染物質の浄化能力が、人工林と比べてはるかにすぐれています。

④人がむやみに手をかけると衰退する

　原生林は人工林とは違って、「人手をかけると衰退する」ことが多いようです。

　しかし先住民族のように、人手をかけてもほとんど影響がないこともあります。そういう意味で、「人がむやみに手をかけると衰退する」と表現しました。

　この原生林が破壊され食物連鎖（23ページ）が断ち切られると、生態系全体が崩壊してしまいます。こうなると、二度ともとの姿に戻すことはできません。

■熱帯林

　熱帯林は赤道付近の熱帯に分布する森林の総称で、地球上の森林面積の約半分を占めています。生命活動が盛んで生物多様性（94ページ）に富んでいます。活発な光合成で大量の二酸化炭素の吸収と酸素の排出を行うので「地球の肺」と呼ばれています。

　また熱帯林は極めて多種多様な生物が生息し、「野生生物の宝庫」ともいわれています。

◆熱帯林の種類

①熱帯多雨林

　　年間を通して降雨のあるアマゾン川流域やアフリカなどに生育し、樹高50〜70mにもなる常緑広葉樹林で、非常に多様な生物が見られる。

②熱帯モンスーン林

　　季節風に支配され、乾季と雨季がある地域に広く分布し、タイ、マレーシアなど東南アジアに見られ、乾季には落葉する広葉樹林。

③熱帯サバンナ林

年雨量が比較的少なく、乾季・雨季のある地域に広く分布し、樹高は低く20mくらいまでで、サバンナ草原内に散在して生育する林。

④マングローブ林
　マングローブとは、熱帯や亜熱帯の海岸沿いの海水と淡水が混じりあう場所に生育する植物の総称です。植物種としては90～100種類ほどあります。林内には魚なども豊富で、森林と海の2つの生態系が共存しています。

◆森林の役割
①生態系を育む
　森林の中では微生物、昆虫、鳥、小動物、大型動物が食物連鎖の中で共生しています。これらの生命は森林がなければ生きていけません。
　また、森林からの栄養が川を伝って海に流れ込み、沿岸地域の魚介類を育てます。海の生物は森林が育てているとも言えるのです。
　このように森林は、地球全体の生態系を育むための重要な役割を担っています。

②土壌をつくる
　落ち葉や倒れた木を微生物が分解することで、栄養分豊かな腐葉土ができ、生態系を育む土壌成分となります。

③土壌を保つ
　樹木の根は土をしっかりつかんでいます。森林には多数の樹木が集まっていて、その地域全体の土壌が雨などで流出するのを防いでいます。

④水を保つ（保水）
　樹木は常に根、幹、葉に水を蓄えています。また土壌もつくるので降った雨はすぐに下流に流れ出しません。そのために、森林地帯は大きな

保水能力を持つ「緑のダム」と呼ばれています。
　そのために、雨水を徐々に地下に浸透させ地下水資源を涵養します。もし森林がなければ、降った雨があっという間に海に流れてしまい、洪水被害が発生したり、飲料水など淡水資源が確保できなくなります。
　また、森林破壊が大規模になれば、葉から蒸発する水分や雨の核となる微粒子が不足します。森林がなくなれば、雨そのものが降りにくくなるのです。

⑤空気を浄化する
　樹木は二酸化炭素を吸って酸素を出します。つまり光合成（炭酸同化作用）を通じて呼吸をしているのです。
　これは、森林がなくなると二酸化炭素が増えて、酸素が減るということを意味します。二酸化炭素が増えると地球温暖化につながります。

　また、木の葉は大気中から二酸化炭素を吸うとき、同時に空気中の窒素酸化物や硫黄酸化物などを吸って周囲の環境を浄化してくれます。とくに広葉樹では、広い葉の表面にある気孔に窒素酸化物、硫黄酸化物などの有害物質を取り込みます。
　工業地帯や自動車道路の周囲の森林は、大気汚染を浄化してくれるのです。

　このほかにも、森林には「人間の心を癒す」、「木造建築の材料になる」という人間にとって便利な働きもあります。

> **eco検定 ワンポイント・アドバイス**
>
> ①熱帯林の種類と意味をしっかり覚えておきましょう。
> ②マングローブというのは１種の木の名前ではなく、潮の満ち引きにらされる海岸や河口近くの植物全体の総称です。

## 生態系

　生態系とは、ある空間に生きている生物と、生物を取り巻く非生物的な無機的環境（無機物）が相互に関係しあって、物質循環やエネルギーの流れの中で生命の循環をつくりだしているシステムのことをいいます。

　生態系の生物部分は、生産者、消費者、分解者に区分されます。植物が太陽光からエネルギーを取り込んで栄養をつくり出し（生産者）、これを動物などが利用し（消費者）、その遺体や排泄物などは主に微生物によって分解されます（分解者）。そしてこの分解物（栄養塩類など）が再び植物によって利用されます。生態系の中では、こうした物質循環が生じているのです。

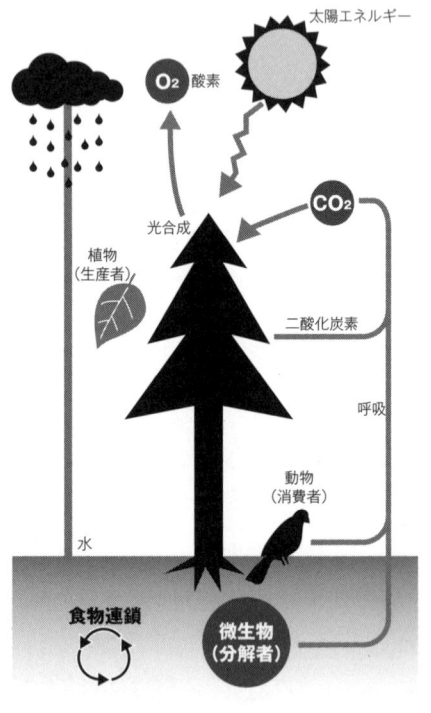

　生物は、集団の中で生き残るために互いに助け合ったり、競争したりして様々な進化を生み出します。異なる生物が密接な関係を持って活動することを共生といいます。アリとアブラムシの関係のように互いの利益になるものを相利共生、一方のみの場合を片利共生もしくは寄生といいます。

■生態系サービス

　人類は、生態系からもたらされる資源とプロセスを活用し、多くの利益を得ています。生態系がもつ機能のうち、水や食料、気候の安定など、人間が

生きていくために必要な恩恵のことを生態系サービスと呼びます。

国連は「ミレニアム生態系評価（MA）」の中で、生態系サービスを次の4つに分類しています。

①供給的サービス
　食品や水といったものの生産・提供

②調節的サービス、
　気候などの制御・調節

③文化的サービス
　レクリエーションなど精神的・文化的利益

④基盤的サービス
　栄養の循環や光合成による酸素の供給

これらに「保全的サービス（多様性を維持し、不慮の出来事から環境を保全すること）」を加えて5つに分類する見解もあります。

なお「ミレニアム生態系評価」とは、国際連合の提唱によって2001年から2005年にかけて行われた地球規模の生態系に関する環境アセスメントのことをいいます。

現在、地球環境の悪化や森林の過剰伐採などによって生態系に深刻な影響が出ていて、生態系サービスの低下が進行しつつあるここは言うまでもありません。

■食物連鎖

動物や植物がたくさん生きているところには、ある生物種が別の種の食物となり、その種がさらに別の食物となるという「つながり」ができています。これを食物連鎖と呼びます。この場合、1本の鎖というより、ひとつの輪

(環) と考えた方がいいでしょう。
　生態系のところで「生産者、消費者、分解者」による物質循環について触れましたが、ここで生じる「食べる－食べられる」の関係を食物連鎖と考えてもいいでしょう。

　たとえば水中では、微生物→植物性プランクトン→動物性プランクトン→稚魚や小エビ類→小魚→中型魚→大型魚→微生物という環ができています。
　また陸上では、微生物→小型昆虫→ミミズ→モグラ・鳥→ワシやタカなどの猛禽類（肉食の鳥）・肉食動物→微生物という食物連鎖が見事な環を作っています。
　実際の食物連鎖は、水中と陸上、また植物などが複雑にからみ合っています。といっても、もつれているのではなくて、見事に調和しているのです。そのために、最近では「食物網」と呼ばれることも多くなりました。
　大きく見ると動植物がひとつの環の中で支え合い、生かされあっています。つまり共生しているのです。この環が途中で切断されると、生き物のつながりが途絶えてしまって、やがてすべての生き物が生きていけなくなります。

■生物濃縮
　多くの有害化学物質は、生物の体の中にだんだん蓄積していきます。これを「生物濃縮」とか「生態濃縮（生体濃縮）」といいます。
　食物連鎖は、ある生物種が別の種を食べることによって成り立っています。
　ということは、もしある生物種の体に有害化学物質が入っていたら、この物質は次から次へと別の種に伝わっていくことになります。

　これらの化学物質は、食物連鎖のプロセスで濃縮されて、はじめの濃度の数千万倍から数十億倍の濃度に達してしまうことがあるのです。
　たとえば、ある湖でＰＣＢ（ポリ塩化ビフェニール）が、どのくらい生物濃縮されたかの記録があります。

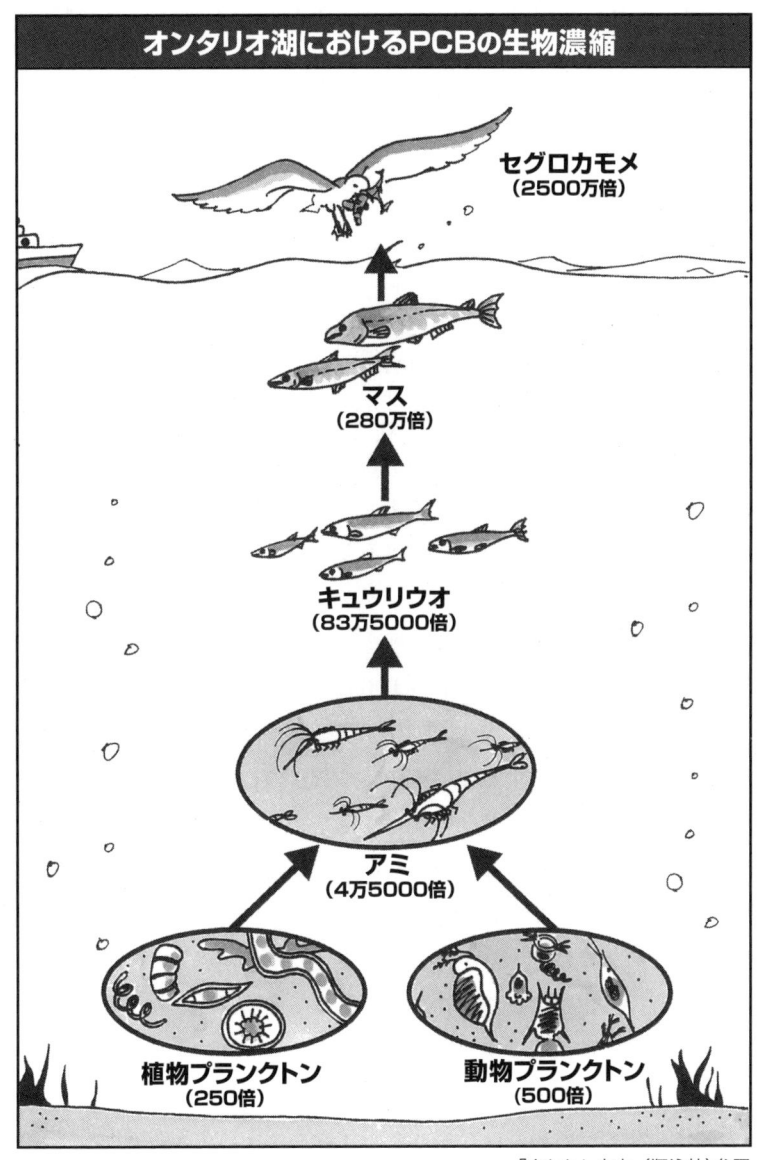

それによると、最初の湖水中のPCB濃度を1とした場合、プランクトン→小エビ→小魚→中・大型魚→鳥という食物連鎖を通じて、2500万倍に生物濃縮されていることが分かったのです。

その鳥が死んで湖の中に沈むと、水の中のPCBの濃度がかなり高くなります。そしてまた微生物から食物連鎖が始まって、最終的にはとんでもない高濃度にまでPCBが濃縮されることが考えられます。

◆有機化学物質が生物の体内に蓄積されるしくみ
　PCBとかダイオキシンなどの有機化学物質は、脂肪に溶け込みやすい（たまりやすい）性質があります。そのために、エサとして食べた生物の体の中にあった化学物質が、次の生物の脂肪に移って蓄積（生物濃縮）されてしまうことになります。
　やがて、人間がその生物を食べることで人体に入ってくるのです。

■レイチェル・カーソン
　レイチェル・カーソン（1907～1964）はアメリカの作家で海洋生物学者でもありました。1962年に彼女の著した『沈黙の春』（原題：*Silent Spring*）は、化学物質による環境汚染への警告の書として有名です。
　同書で「人間がこのまま劇薬のような化学物質を無秩序・無制限に使い続けていると生態系が乱れてしまい、やがて春がきても鳥も鳴かずミツバチの羽音も聞こえない沈黙した春を迎えるようになるかもしれない」という寓話ではじまっています。
　同書によって「化学物質が食物連鎖によって生物濃縮され生態系、ひいては人体に悪影響を危機起こす可能性」を多くの人が知るようになりました。
　また『センス・オブ・ワンダー』という本は、カーソンがロジャーという幼児とメイン州の自然のなかで過ごした体験をもとに書かれたエッセイです。子どもにとって自然界の不思議さ神秘さに目をみはる感性（センス・オブ・ワンダー）を育てることがいかに大切かを優しさに満ちた文体で語りかけて

います。

> **eco検定 ワンポイント・アドバイス**
>
> 　ここは重要な項目ばかりです。生態系の意味、生態系サービスの種類、食物連鎖と生物濃縮の関係をしっかりと理解しておきましょう。
> 　またレイチェル・カーソンの『沈黙の春（サイレント・スプリング）』は、必ずと言っていいほど出題されます。書名と内容を結びつけて覚えておきましょう。ほとんどの人が環境問題関心のなかった「1962年」に書かれたことにも注目してください。

# 2章

## 地球に起こっている異変

近年。地球の至る所で環境の悪化や生態系の乱れが生じ、人間の健康被害や生物種の絶滅などの問題が深刻になっています。私たちは、この問題の原因を探り、解決していかなければなりません。
何よりも、実態を知ることが問題解決のための第一歩。
この章では、地球に起こっている様々な異変を見ていくことにしましょう。

## キーワード 8 典型7公害

　公害とは、一般に「事業活動や人の活動に伴って生じる自然および生活環境の破壊が、地域住民や公共一般にもたらす精神的・肉体的・経済的な種々の被害」のことをいいます。

　環境基本法では、「公害」を『環境の保全上の支障のうち、事業活動その他の人の活動に伴って生ずる相当範囲にわたる大気の汚染、水質の汚濁（水質以外の水の状態又は水底の底質が悪化することを含む）、土壌の汚染、騒音、振動、地盤の沈下（鉱物の掘採のための土地の掘削によるものを除く）及び悪臭によって、人の健康又は生活環境（人の生活に密接な関係のある財産並びに人の生活に密接な関係のある動植物及びその生育環境を含む）に係る被害が生ずること』と定義しています。

　公害は、世界的にはエジプトやメソポタミアの時代からあるとされていますが、近代では1952年12月に発生したロンドンスモッグ事件が有名です。
　ここでスモッグとは、煙と霧が混じった状態のことです。
　スモッグの翌週までに、普段の冬より4000人も多くの人が死んだことが明らかになり、その後の数週間でさらに8000人が死亡し、合計死者数は12000人を超える大惨事となりました。
　暖房器具や火力発電所、ディーゼル車などから発生した亜硫酸ガス（二酸化硫黄）などが、大気の層に滞留・蓄積して高濃度の硫酸の霧となったことが原因でした。
　日本では、明治時代に栃木県渡良瀬川流域で発生した足尾銅山鉱毒事件が公害問題の原点といわれています。
　鉱山内で支柱として使われる木材や燃料用として周辺の山林を伐りすぎたことと、硫酸を含んだ煤煙とによって周辺の森林は大きな被害を受けました。やがて丸裸になって保水力を失った山では洪水が頻繁に起こるようになり、

洪水のたびに渡良瀬川では、鉱毒による水質汚染のため魚が死に漁業ができなくなったのです。

典型７公害とは、環境基本法でいう「大気汚染、水質汚濁、土壌汚染、騒音、震動、地盤沈下、悪臭」の７つを指します。

このうち騒音、震動、悪臭は、人の感覚を刺激して、不快感やうるささとして受け止められる公害ということで「感覚公害」と総称されます。

---

**eco検定 ワンポイント・アドバイス**

典型７公害の中に「地盤沈下」が含まれていることに注意してください。かつて工業用水を得る目的で地下水を過剰に汲み上げたために、地盤が沈下していき海抜ゼロメートル地域や海面下の地域が発生したのです。

なお環境基本法では、「鉱物の掘採のための土地の掘削によるものを除く」と規定されていることに注意してください。

# キーワード9 四大公害病

日本では、1950年代後半から1970年代の高度経済成長期に、公害による様々な健康被害が発生しました。このうちとくに被害の大きいものを「四大公害病」といいます。

①水俣病
　1956年に熊本県水俣湾で「メチル水銀（有機水銀）」による水質汚染や底質汚染が生じ、魚類の食物連鎖を通じて人の健康被害が生じました。

②第二水俣病
　1964年に新潟県阿賀野川流域で「メチル水銀（有機水銀）」による水質汚染や底質汚染が生じ、魚類の食物連鎖を通じて人の健康被害が生じました。水俣病と類似しているため「新潟水俣病」とも呼ばれています。

③四日市ぜんそく
　1960年から1972年に三重県四日市市で、主に「硫黄酸化物」による大気汚染を原因とする集団ぜんそく被害が発生しました。

④イタイイタイ病
　1910年代から1970年代前半に富山県神通川流域で「カドミウム」による水質汚染が発生し、コメなどを通じて人の骨に対し健康被害を及ぼしました。

> **eco検定 ワンポイント・アドバイス**
>
> 4大公害病の名称・原因物質・発生した地域を正確に記憶しておきましょう。

# キーワード 10 大気汚染

　大気汚染とは、人間の活動によって大気が有害物質で汚染され、目や呼吸器など人の健康や生活環境、動植物に悪影響が生じる状態のことをいいます。

　大気汚染の原因となる主な物質は、浮遊粒子状物質（ＳＰＭ）や二酸化窒素（窒素化合物：NOx＝ノックス）、亜硫酸ガス（硫黄酸化物：SOx＝ソックス）、揮発性有機化合物（ＶＯＣ）、ダイオキシン類など多岐にわたります。

　発生源は、主に以下の３つに分かれます。
①自動車など移動発生源からの排出ガス
②工場など固定発生源からの排煙
③廃棄物の焼却排ガス

■光化学スモッグ

　工場や自動車の排気ガスなどに含まれる窒素酸化物や揮発性の炭化水素が日光に含まれる紫外線の影響で光化学反応を起こし、そのときに生成する有害な光化学オキシダントやエアロゾルが空中に留まりスモッグ状になることをいいます。

　なお光化学オキシダントとは、オゾンやパーオキシアシルナイトレート（ＰＡＮ）など酸化性物質の総称です。

■大気汚染への対策

　工場など固定発生源に対しては、大気汚染防止法により汚染物質の排出基準が定められています。一方、移動発生源の自動車に対しても、同法により排出ガス量の許容限度が定められています。

　また、大都市地域の大気汚染を改善するため、自動車NOx・ＰＭ法により所有・使用できる自動車を制限しています。

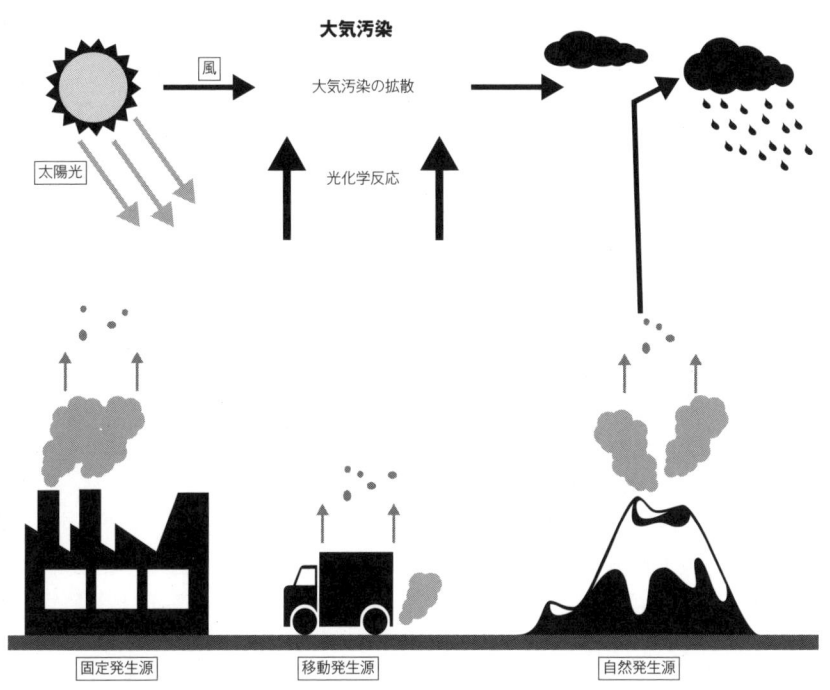

**大気汚染**

太陽光 → 風 → 大気汚染の拡散 → 光化学反応

固定発生源　　移動発生源　　自然発生源

参考：栃木県ホームページ http://www.pref.tochigi.lg.jp/

---

**eco検定 ワンポイント・アドバイス**

　大気汚染の原因物質を覚え、発生源として「移動発生源」と「固定発生源」があることを理解しておきましょう。

キーワード **11** 水質汚濁

　公害問題としての水質汚濁とは、主に人の活動が原因となって河川・湖沼（しょう）・港湾・沿岸海域などの公共用水域の水質が悪化している状態を意味します。ここで人の活動とは、工場や事業場などにおける産業活動や、家庭での日常生活などすべてが当てはまります。

　発生原因は、生活や産業活動から発生する排出物（廃水・廃棄物など）に含まれる「有害物質」や、「自浄作用（自然浄化作用）を上回る有機物」が水域に流れ込むことです。

①河川

　河川には、大量の生活廃水や産業廃水が流れ込んでいます。

　家庭からは、トイレの汚水と生活廃水といわれる台所やお風呂の水が排出されます。

　有機物の量の多い順番でいうと、一般に台所（40％）・トイレ（30％）・風呂（20％）・洗濯（10％）となっています。これらが下水道の普及の遅れも手伝って、人口の極端に集中している都会の河川に大量に流れ込んでいます。

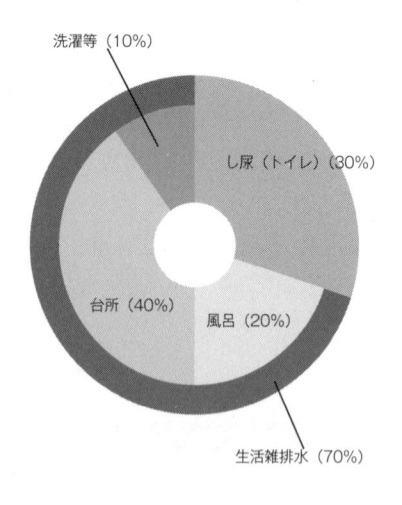

洗濯等（10％）
し尿（トイレ）（30％）
風呂（20％）
台所（40％）
生活雑排水（70％）

②湖沼

　湖沼は、自然の状態でも徐々に汚れていきます。湖沼は陸地で囲まれ

出典：大分県ホームページ http://www.pref.oita.jp/

ているために、湖水が海のように大量には入れ替わらないのが特徴です。こういう水域を「閉鎖性水域」あるいは「停滞性水域」といいます。

　このため、自然の状態でも周囲の山林から落ち葉などが流れてきて、リンや窒素が蓄積することになります。

　これに加えて最近は、人間が排出する生活廃水によって湖沼の汚染がどんどん加速されています。

　たとえば、合成洗剤に含まれるリンや窒素、油や生ゴミに含まれる有機物によって栄養過多の状態、つまり富栄養化が進んでいます。富栄養化が進むと、藻やアオコなどが大量に繁殖して湖面が緑色に染まったり、真っ赤な赤潮が発生することになります。

　そして、それらが大量の酸素を消費して湖水が酸素不足となり、魚など水にす棲む生物が死んでしまうのです。

　この意味で、東京湾や大阪湾、そして瀬戸内海などは海なのですが、閉鎖性水域として湖沼と同じ様に考える必要があります。


③地下水
　地下水も水不足だけではなく、汚染されて大変危険な状態にあります。

　アメリカに半導体などのハイテク産業で有名な「シリコンバレー」という地域があります。実はこの地域内の地下水から、約100種類の化学物質が発見されているのです。

　シリコンバレーでは、飲料水の約半分を地下水に依存していますが、ここの汚染はすでに地下150メートル以上の深井戸にまで達していて、今後被害が広がるのではないかと心配されています。

　シリコンバレーと同じようなことは、日本でも頻繁に起こっています。最近でも工場や工場跡の地下水から、発ガン性のある有機塩素化合物が、環境基準の1万倍前後という高濃度で検出されることがあります。

■水域の自浄作用

　川や湖などの水域には、入ってきた汚れを浄化する働きがあります。これを自然浄化作用とか自浄作用といいます。しかし浄化するといっても限界があり、それを超えると、次から次に入ってくる汚染源がどんどん蓄積することになります。

　人口が極端に集中している大都会では、大量の生活廃水や産業廃水が河川や湖沼に流れ込んでいます。こういった廃水には有機物が大量に含まれています。有機物はプラスチックとか石油などもそうですが、この場合は生ゴミやし尿のように、放っておくと腐ってしまうようなものと考えてください。
　このような有機物は微生物にとっての栄養となるので、水中に排出されると、この栄養を求めて微生物が集まってきます。そして微生物が栄養物を食べるとき、酸素を消費するのです。
　水の中に溶けることのできる酸素（溶存酸素）の量は、多くても10ppm（水100キログラムの中に酸素が1グラムに相当）くらいです。
　溶存酸素が十分にあるうちは問題は起こらないのですが、水中に栄養分が多くなると、それだけたくさんの微生物が集まってきて、あっという間に酸素を使い尽くしてしまいます。魚や貝は毒によってではなく、酸欠で死んでしまうのです。
　その後で、メタンガスや硫化水素などが発生するようになり、さらに水質が悪化することになります。
　排水中の有機物と聞くと汚いもののように感じる人が多いようですが、実は「栄養」なのです。栄養は命を育むもののはずです。私たちは、「栄養という大切なものを棄てて、貴重ないのちを失っている」ということに気づく必要があります。

　このように、有機物の量が自浄限界を超えると、水が酸欠状態となり、汚染が進んでしまうのです。

### ■BODとCOD

　水の汚れを表すのにBODとかCODがよく使われます。いずれも水の中に含まれる有機物の量を示す指標です。

　BODは「Biochemical Oxygen Demand」の略で、生物化学的酸素要求量のことです。密閉ガラスビンに水を入れて、20度で5日間放置しておくと水中の酸素が減少します。この減った酸素の量をBOD値としています。これは水中の有機物を食べる際にバクテリア（好気性菌：酸素呼吸しながら有機物を分解するタイプの菌で、酸素がないと生育できない）が酸素を消費するためで、水中の有機物が多いほどBODの値は大きくなります。

　一般に、BODは「河川の有機物による汚れの指標」として使われます。
　ただし、BODは必ずしも水中の有機物の全量を表すものではありません。たとえば、バクテリアによって分解しにくい有機物はBODとして表すことができません。人工の物質や木やパルプの成分であるリグニンなどがこの例です。

　また、毒性の強い成分が含まれていると測定用のバクテリアが死んでしまい、BODの値が極めて低くなります。石ケンや洗剤などでBODの値が低いからといって、それだけで環境に優しいとはいえないのです。

　CODは「Chemical Oxygen Demand」の略で、化学的酸素要求量のことです。バクテリアではなく酸化剤を使って水中に含まれる物質を化学的に酸化して測定します。このとき減少した酸化剤中の酸素分をCODと呼んでいます。
　一般に、CODは湖沼と海の汚れの指標として使われますが、現場ですぐに測定できることから、河川や湖沼でも環境観察会などで活用されています。

　CODの値も酸化剤で酸化できない物質は測定できないこと、有機物でな

いものまで酸化されてプラスの誤差となることなど正確な有機物の量は測れません。

残留塩素（水道水中に残っている殺菌力を持つ有効塩素分）を除去するための還元剤や還元水などがよく使われていますが、これらが測定水に混ざっているとＣＯＤの値が大きくなってしまうので、注意が必要です。

■水質汚濁への対策

公共用水域と地下水の水質を保全するために水質汚濁防止法が制定されています。工場や事業場などから出る排水の水質を規制することを目的としています。

この法律では、「健康項目」として27種類、「生活環境項目」として15種類について全国一律の排水基準が定められています。一律基準では汚濁を十分に防止できない場合は、都道府県が条例でより厳しい「上乗せ基準」を定めることができます。

法的規制による対策に加えて、私たち一人ひとりが環境に与える影響（環境負荷といいます）を小さくしていく努力が必要です。

また健全な水循環を取り戻すために、水源自体の環境を保全することが重要です。とくに森林を保全することは生態系、ひいては私たちの健康や生活環境を守ることにもつながります。

> **eco検定 ワンポイント・アドバイス**
>
> 自浄作用とＢＯＤ・ＣＯＤのイメージをしっかり把握しておきましょう。

### ■地球環境問題

　地球環境問題とは、問題の発生源や被害がとくに広域的で、文字通り地球規模の環境問題のことです。

　環境省は、地球環境問題として①地球温暖化、②オゾン層の破壊、③熱帯林の減少、④開発途上国の公害問題、⑤酸性雨、⑥砂漠化、⑦野生生物種の減少、⑧海洋汚染、⑨有害廃棄物の越境移動を挙げています。

　下図は、地球環境問題の全体像をニッセイ基礎研究所㈱が環境省の資料を基に加筆・補正したものです。

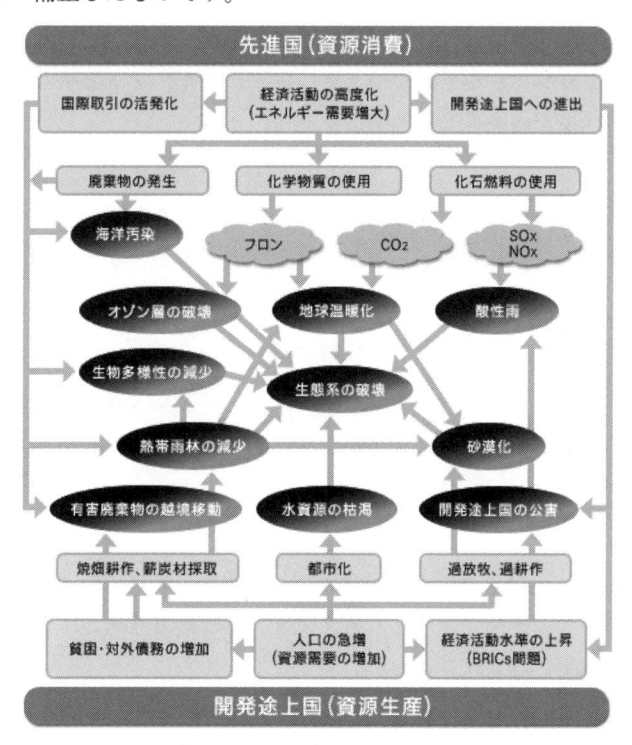

```
先進国（資源消費）
 ├ 国際取引の活発化
 ├ 経済活動の高度化（エネルギー需要増大）
 └ 開発途上国への進出
    ├ 廃棄物の発生 → 海洋汚染
    ├ 化学物質の使用 → フロン → オゾン層の破壊
    │                  CO₂ → 地球温暖化
    └ 化石燃料の使用 → SOx/NOx → 酸性雨
         生物多様性の減少／生態系の破壊／熱帯雨林の減少／砂漠化
         有害廃棄物の越境移動／水資源の枯渇／開発途上国の公害
    ├ 焼畑耕作、薪炭材採取
    ├ 都市化
    └ 過放牧、過耕作
         貧困・対外債務の増加／人口の急増（資源需要の増加）／経済活動水準の上昇（BRICs問題）
開発途上国（資源生産）
```

　このほかにも、人口爆発、食糧問題、ゴミと廃棄物問題、原子力核廃棄物問題、電磁波、遺伝子組み換え農作物、環境ホルモンなど多くの問題が山積みになっています。

　ここで重要なことは、これらの問題が全部つながっているということです。

この図では関連を示す矢印は見やすさを考慮して少なめに描かれていますが、実際には、すべての問題が互いに関係し合っています。

たとえば、「温暖化→森林破壊→砂漠化→生物種の絶滅→食糧危機→飢餓」とか、「オゾン層破壊→生物種の絶滅→食糧危機→飢餓」のようにつながっています。

すでに、人間に対する影響が出ています。とくに貧しい人たちが住んでいる地域では、幼い子どもたちが毎日３万５千人から５万人も飢餓や栄養失調で亡くなっています。

豊かといわれる地域でも、有害紫外線を浴びたり、化学物質の入った水を飲んだりしてガンにかかる人が増えています。また、アトピーなどの皮膚炎も、環境の悪化が原因と言われています。

地球環境問題のつながりを無視すると、ある問題を解決するすばらしい方法が発明されたとしても、やがて新しい問題を引き起こすことがよくあります。たとえば、特定フロンという化学物質が「オゾン層を破壊する」という理由で生産禁止になると、人間は代替フロンという新しい物質を考えました。そのときは、オゾン層を破壊しない画期的なフロンができたと大喜びでした。しかし、その化学物質が地球温暖化を加速するということが後になって分かったのです。

つまり、全体のつながりを考えなければ、モグラたたきになってしまうということです。しかし予め全体のつながりを考えておけば、どんな問題が起こるか、ある程度予想できるとも言えます。つながりを考えていないから、後で大きな問題になることが多いのです。

◆公害と地球環境問題

一般的には、「公害と地球環境問題は違うもの」として、それぞれを区別して考えています。「公害は局地的な問題で、地球環境問題は国境を越えた地球規模の問題」、また「公害は被害者と加害者が特定できるが、地球環境問題は特定できない」などがその理由です。

しかし、必ずしもそれだけとは言い切れません。
　大気や水の循環や食物連鎖などを考えると、公害の影響は地域にとどまることはあり得ません。汚染物質などが地域内の自浄能力を超えてしまうことで公害が発生してしまうのです。ということは、自浄能力をオーバーした分が地球全体に拡散していくことになります。これらが世界中で起これば、地球規模の問題へと拡大するのは必然と言えます。
　なお、個別の地球環境問題はキーワード16〜22で解説します。

## キーワード 12　ヒートアイランド現象

　ヒートアイランド現象とは、都市部の気温が周辺地域よりも高くなる現象です。等温線を描くと都市部が島の形に見えることからヒートアイランド（熱の島）現象と呼ばれています。

　20世紀中に地球全体の平均気温が約0.6℃上昇しているのに対し、日本の大都市として代表的な東京、名古屋などの6都市においては、平均気温が2～3℃上昇しています。

　また、大都市部を中心に「気温が30℃を超える状況の長時間化と範囲の拡大」、「熱帯夜の出現日数の増加」が見られます。

　原因として、①空調システム、電気機器、燃焼機器、自動車などの人間活動より排出される人工排熱の増加、②緑地、水面の減少と建築物・舗装面の増大による地表面の人工化が挙げられています。

### ■ヒートアイランド現象の影響

①温度上昇による猛暑日・真夏日・熱帯夜の増加、熱中症発生の増加など
　猛暑日は最高気温が35℃以上の日、真夏日は最高気温が30℃以上の日、熱帯夜は夜間の最低気温が25℃以上の日をいいます。

②エアコン用エネルギー使用の増加
　その結果、ヒートアイランド現象がさらに進行するという悪循環に陥っています。

③局地的集中豪雨の増加による都市型洪水の多発

④高温化による光化学スモッグの発生多発にともなう大気汚染

⑤都市の上空を汚染物質がドーム状に覆うスモッグドーム（ダストドーム）

現象の進行

■ヒートアイランド現象の対策

　基本的には、人工排熱量を減らすことと、地表面からの輻射熱を減らすことが重要です。

　ヒートアイランド対策関係府省連絡会議が作成した「ヒートアイランド対策大綱」では、①人工排熱の低減、②地表面被覆の改善、③都市形態の改善、④ライフスタイルの改善、が挙げられています。

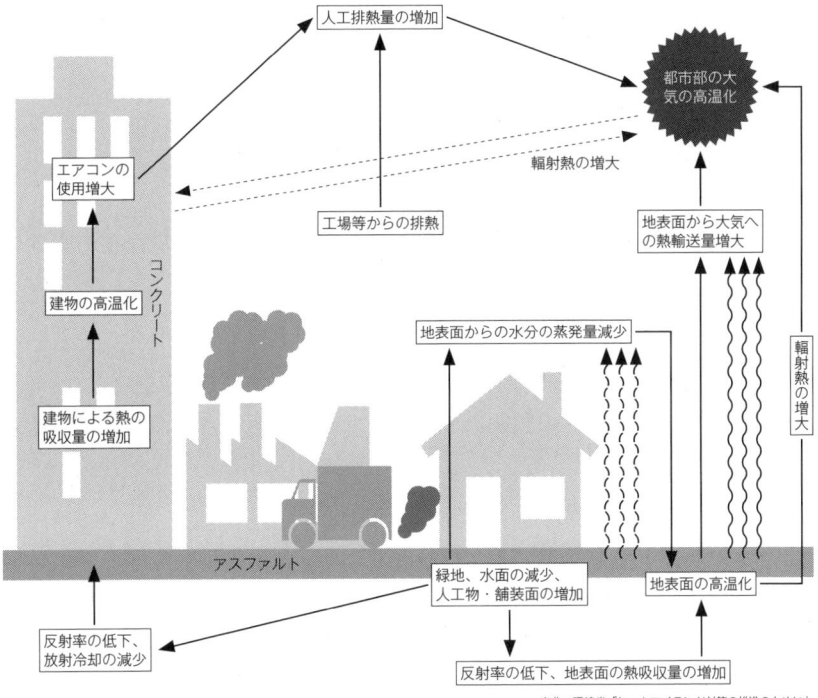

出典：環境省「ヒートアイランド対策の推進のために」

eco検定 ワンポイント・アドバイス

　ヒートアイランド現象の対策は原因の裏返しですが、個人個人のライフスタイルの改善が重要になってきました。

## キーワード13 都市型環境問題

都市部に人口が集中することによって様々な問題を引き起こしています。その中で、とくに環境に関する問題を「都市型環境問題」ということがあります。

### ■都市型環境問題の具体例

都市型環境問題の具体例は、次の7つです。

1．人々の生活や事業活動から発生する廃棄物の処理。
2．自動車の増加・交通渋滞による大気汚染。
3．住宅や工場・商業施設などの密集による騒音・振動・悪臭などの感覚公害の増加。
4．森林・緑地不足、コンクリート・アスファルト構造物の増加、エアコン排熱などにより都市部の気温が高まるヒートアイランド現象。
5．ネオンやビル・街灯の照明などによって夜空の明るさが増し、星が見えにくくなる光害。
6．無計画な開発や建設に伴う都市景観の悪化。
7．アスファルト舗装などで水はけが悪くなり、集中豪雨に対応できず発生する都市型洪水。

これらは、必ずしも都市部に限った問題というわけではありませんが、とくに都市部に顕著な状況のため、「都市型環境問題」と呼ばれています。

3章「循環型社会に向けて」で解説されるキーワードの多くとも、この具体例は密接にかかわってきます。

> **eco検定 ワンポイント・アドバイス**
> 具体例は、大都市の状況をイメージしながら覚えましょう。

## キーワード 14 シックハウス症候群

シックハウス症候群とは、住宅の新築またはリフォーム時に使用する建材や家具などの材料から放出される揮発性化学物質（ＶＯＣ）が人体に触れたり、吸引されることにより、めまいや吐き気、目やのどの傷みなどの健康障害を引き起こす症状のことをいいます。

原因は、住宅の高気密化や建材などの使用とされていますが、家具・日用品の影響、カビ・ダニなどのアレルゲン、化学物質に対する感受性の個人差など、様々な要因が複雑に関係していると考えられています。

■各省庁の対策・指針

①厚生労働省

平成16年7月、室内空気汚染物質である13種類の揮発性有機化合物の指針値を発表しています。

②国土交通省

平成16年の4月時点で現在、「住宅の品質確保の促進等に関する法律（品確法）」における住宅性能表示の測定対象物質としてホルムアルデヒド・トルエン・キシレン・エチルベンゼン・スチレンの5物質を指定しています。

②文部科学省

全国の学校及び各都道府県教育委員会教育長に対して、「定期環境衛生検査」では毎年1回、「臨時環境衛生検査」では建築・改修工事の竣工後に「ホルムアルデヒド・トルエン・キシレン・エチルベンゼン・スチレン・パラジクロロベンゼン」の測定を義務付けています。

■化学物質過敏症

　一般に、特定の化学物質に接触し続けていると、微量であっても同種の化学物質に接するだけで過剰なほどに敏感となり、頭痛やアレルギーに似た症状などを引き起こす状態のことをいいます。

> **eco検定 ワンポイント・アドバイス**
>
> 　シックハウス症候群、化学物質過敏症の意味を知っておくくらいでいいでしょう。

## キーワード 15 ローマクラブ

ローマクラブは、イタリア・オリベッティ社の副社長で石油王としても知られるアウレリオ・ペッチェイ博士が、資源・人口・軍備拡張・経済・環境破壊などの全地球的な問題に対処するために設立した民間のシンクタンクです。

1970年3月に発足し、世界各国の科学者・経済人・教育者・各種分野の学識経験者などから構成されています。1968年4月に立ち上げのための会合をローマで開いたことからこの名称になりました。

1972年に発表した『成長の限界』で、「現在のままで人口増加や環境破壊が続けば、資源の枯渇や環境の悪化によって100年以内に人類の成長は限界に達する」と警鐘を鳴らしました。

一方、「破局を回避するためには地球が無限であるということを前提とした従来の経済のあり方を見直し新しいアプローチをとれば、将来長期にわたって持続可能な生態的および経済的な安定性を打ち立てることも可能である」とも提言しています。

また1992年に出版された『限界を超えて－生きるための選択』では、資源採取や環境汚染の行き過ぎによって21世紀前半に破局が訪れるというシナリオ」を示しています。

> **eco検定 ワンポイント・アドバイス**
>
> 　正確には、『成長の限界』はローマクラブがマサチューセッツ工科大学（MIT）のデニス・メドゥズを主査とする国際チームに委嘱した研究によるものですが、「ローマクラブが発表した」と考えてもいいでしょう。
> 　また「1972年」という発表年も覚えておいてください。レイチェル・カーソンの「沈黙の春」は「1962年」でしたね。
> 　環境問題関連で、1962年、1972年、1992年、2002年など最後に2のつく年に何があったか調べてみてください。とても興味深いことに気づくはずです。

## キーワード 16 地球温暖化（気候変動）

　地球温暖化とは、文字通り「地球の気温が上昇すること」です。しかし環境問題としての地球温暖化は、「人間の活動に伴って温室効果ガスが大気中で増加することで温室効果が高まり、地球表面付近の平均気温が上昇していく現象」のことを意味しています。
　ここで重要なのは、「温度上昇とは『平均気温』の上昇を意味する」ということです。

　ところで、気温が上昇するといっても、地球全体が均一に熱くなるわけではありません。寒くなるところもあれば、干ばつや豪雨に見舞われるところもあります。
　私たちにとっては、異常気象の増加として実感されることが多いでしょう。異常気象が増加しながら、長期的には気候が変動・変化していく。このために、地球温暖化は「気候変動」あるいは「気候変化」と呼ばれているのです。

　本書では慣例に倣って『地球温暖化』という用語を使っていますが、その本質は「気候変動」であることを念頭に置いて読み進めてください。

### ■温室効果のしくみ

　温室効果ガスには、二酸化炭素・水蒸気・メタン・フロンなどがあります。なかでも二酸化炭素（炭酸ガス、$CO_2$）は、人間が排出している温室効果ガスのうちで、最も地球温暖化に寄与している物質です。

　太陽の光によって地面の温度が上昇すると、地表付近の空気が温められます。そのとき大気中の温室効果ガスが熱の一部を吸収し、熱を蓄えます。その熱は赤外線として周囲に放出され、その結果、空気が暖められて気温が上

52

**【地球温暖化のメカニズム】**

昇することになります。

　これは温室内部で起こっていることと同じなので、温室効果と名付けられたのです。

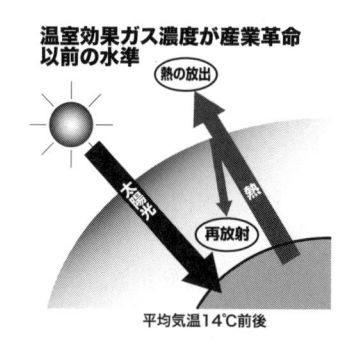

### ■温室効果ガスの役割

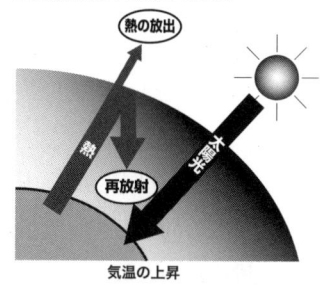

　温室効果ガスの濃度と地球の平均気温は正比例の関係にあります。つまり温室効果ガスの濃度が高ければ高いほど地球の温度は上がり、濃度が低ければ低いほど気温は下がります。

　現在、地球表面の平均気温は 15〜16℃くらいですが、もし温室効果ガスが含まれていなければマイナス 18℃になります。温室効果のお陰で、私たちが存在していると言えるのです。

　とは言うものの、温室効果ガスは少し増えただけでも大きな温度上昇をもたらします。人間の活動から排出される温室効果ガスのうち二酸化炭素は、

温暖化への寄与度が約60％もあるとされています。

■地球温暖化の原因

　地球温暖化の直接原因は、二酸化炭素などの温室効果ガスが増えていることです。大気中の二酸化炭素は、100万年前までは数千ppmほど存在していました。その後、急速に減少し、少なくとも1000年前から産業革命前までは280ppm（0.028％）程度で安定していたことが分かっています。

　ところが産業革命以来、先進国は工業化を猛烈に進めてきました。最近では、途上国でも石油・石炭・天然ガスといった化石燃料やゴミ、プラスチックなどが大量に燃やされ、また二酸化炭素の吸収源である森林が大規模に伐採されています。
　その結果、大気中の二酸化炭素がどんどん増加し、産業革命前までは280ppmだった二酸化炭素濃度が、2007年には380ppmを超えてしまいました。現在もなお、大気中の二酸化炭素は年間百数十億トンずつ増加しています。

■地球温暖化はすでに始まっている

　◆世界各地での異変

　1990年代から、地球温暖化の影響と見られる異変が目立ってきています。10年ほど前の1998年は、新聞などで「最も暑い夏」と騒がれました。1月から7月の全地球の平均温度が、過去最高（当時）だった1995年と比べて0.26℃も高かったのです。
　ここで、「0.26℃なんて大したことないじゃないか」と思われるかもしれません。しかし、地球全体の気温をそれだけ上げるには、とてつもなく大きな熱量が必要なのです。

　近年でも、2007年7月18～24日の7日間、ルーマニアやブルガ

リアなどのヨーロッパ南東部で異常高温が続き、各国で死者を含む被害が報じられました。

22日以降には、ルーマニアのブカレストで40.7℃、ギリシャのアテネで41.0℃、24日にもブルガリアのソフィアで39.8℃、セルビアのベオグラードで43.2℃となる日最高気温を記録しています。

とくにブカレストでは、18日頃から日最高気温が平年より10℃以上高い日が続き、7月の平均気温は1971年以降の最高記録となったということです。

ヨーロッパ南部では、2007年6月下旬にも同じような気圧配置が発生し、イタリアやギリシャで1日の最高気温が45℃前後に達する高温に達しました。そのほか、世界各国で異常高温や異常低温などの異常気象が頻発しています。

◆世界の平均気温の上昇が顕著に

この傾向は21世紀に入っても続いています。

気象庁によると、2001年の世界の平均気温は平年比プラス0.42℃で、観測史上3位（当時）でした。その一方で、シベリアなど地域によっては異常な寒さを記録しました。

この年は「猛暑」と「厳寒」に見舞われた最も気候変動の激しい年で、アフガニスタンなど中央アジアでは干ばつの被害が一層増大しているのです。

WMO（世界気象機関）によると、2001年は地球温暖化の傾向がはっきり表れており、とくに暑かったのはカナダ、中央アジア、欧州でした。

月ごとの気候変動も激しく、英国で10月は記録のある330年間の中で最も暑い月となりました。

寒暖の差も激しく、米国カリフォルニア州のデスバレーで夏に57℃を記録する一方で、北極で冬にマイナス87度、シベリア中央、南部で

は1月にマイナス60℃の日が2週間続きました。

またWMOは、2004年の地球の平均気温が平均を0.44℃上回り、1861年の統計開始以来、2003年、2002年、1998年に次いで4番目に暑い年であったと発表しています。そして、「同年の10月が観測史上一番暑い10月であったことは、地球温暖化の現象が進んでいることを示している」としています。

さらに2006年は、中国西部が過去50年で最も暑い夏になり、「連日35℃を超す気温が続き、過去50年で最悪とされる干ばつで深刻な水不足に直面している。1400万人以上の飲料水が不足、また日射病で毎日数千人が入院しており、農地の大半が壊滅状態にある」と伝えられています。

また英国各地でも平均気温の記録を更新し、英国の記録史上234年のうちで最も暑い夏となりました。

◆集中豪雨の頻度が増加
　地球温暖化による異常な気候変動は気温だけではなく、雨にも影響を与えています。
　日本気象協会は、「集中豪雨の頻度がこの100年間で頻度だけでなく規模も拡大し、最大級の豪雨では戦後は戦前に比べて1割以上雨量が増えていた。夕立や熱帯地方のスコールのような短期集中型が増えたためとみられ、地球温暖化が影響している可能性がある」と発表しています。

■地球温暖化の予測
　2007年、ＩＰＣＣは地球温暖化第四次レポートを発表しました。ＩＰＣＣとは、「気候変動に関する政府間パネル」のことで、1988年に国

連環境計画（UNEP）と世界気象機関（WMO）が共同設立した国連組織のひとつです。

　1000名を超える世界の科学者が集まり、1990年に地球温暖化を予測、1995年には『地球温暖化第二次レポート』、2001年には『同三次レポート』、2007年には『同四次レポート』を発表しています。

　本来は世界気象機関（WMO）の一機関であり、国際連合の気候変動枠組条約とは直接関係のない組織でしたが、条約の交渉に同組織がまとめた報告書が活用されたこと、また、条約の実施にあたり科学的調査を行う専門機関の設立が遅れたことから、IPCCが当面の作業を代行することとなり現在に至っています。

　IPCC自体が各国への政策提言等を行うことはありませんが、国際的な地球温暖化問題への対応策を科学的に裏付ける組織として、間接的に大きな影響力を持っています。

　元アメリカ副大統領であるアル・ゴア氏とともに2007年度のノーベル平和賞を受賞しました。

　特筆すべきは、「人間活動の地球温暖化に関する寄与は90％以上」と人間活動が主な原因であることを示したことです。

　ここで第四次レポートの概要を見てみましょう。

　◆自然環境や人間に対して顕在化している影響
　1．氷河湖の増大と拡大がみられる。
　2．永久凍土地域における地盤の不安定化、山岳における岩雪崩の増加がみられる。
　3．北極および南極のいくつかの生態系の変化がみられる。
　4．春季の現象の早期化がみられる。
　5．動植物の生息域の高緯度化や高地方向への移動がみられる。
　6．多くの地域で湖沼や河川の水温が上昇している。

7. 熱波による死亡、媒介生物による感染症リスクが高まっている。

そして、次のような見解を示しています。

◆ＩＰＣＣ四次レポート第１作業部会報告書の政策決定者向け要約
①大気、海洋、雪氷などの観測から、地球温暖化が起こっていることは明白である。
②20世紀後半の北半球の平均気温は過去1300年間の内で最も高温で、最近12年（1995～2006年）のうち、1996年を除く11年の世界の地上気温は、1850年以降で最も温暖な12年の中に入る。
③過去100年に、世界平均気温が長期的に0.74℃（1906～2005年）上昇しており、最近50年間の長期傾向は、過去100年のほぼ2倍となっている。
④1980年から1999年までと比較して、21世紀末（2090年から2099年）の平均気温の上昇は、環境の保全と経済の発展が地球規模で両立する社会においては、約1.8℃（1.1℃～2.9℃）と予測する。
　一方、化石エネルギー源を重視しつつ高い経済成長を実現する社会では約4.0℃（2.4℃～6.4℃）と予測する。
⑤1980年から1999年までと比較して、21世紀末（2090年から2099年）の平均海面水位上昇は、環境の保全と経済の発展が地球規模で両立する社会においては、18cm～38cmと予測する。
　一方、化石エネルギー源を重視しつつ高い経済成長を実現する社会では26cm～59cmと予測する。
⑥2030年までは、社会シナリオによらず10年当たり0.2℃の昇温を予測する。
⑦熱帯低気圧の強度が強まると予測する。
⑧積雪面積や極域の海氷は縮小するだろう。北極海の晩夏における海氷が、21世紀後半までにほぼ完全に消滅するとの予測もある。
⑨温暖化により、大気中の二酸化炭素の陸地と海洋への取り込みが減少

するため、人為起源排出の大気中への残留分は増加する傾向にある。
⑩ 20世紀半ば以降の気温上昇は、人間活動による確率が90％以上。

### ■地球温暖化防止のための政策

　地球温暖化は国際的な取り組みが必要とされることから、1992年に開催された地球サミット（105ページ）で気候変動に関する国際連合枠組条約（気候変動枠組条約）が締約されました。

　また、1997年に京都で開催された第3回締約国会議で京都議定書（108ページ）が採択され、温室効果ガス削減の具体的数値目標が設定され、2008年から目標達成に向けた約束期間がスタートしています。

　日本国内では、「地球温暖化対策推進法（地球温暖化対策の推進に関する法律）」をはじめ、「省エネ法（エネルギーの使用の合理化に関する法律）」や「新エネ法（新エネルギー利用等の促進に関する特別措置法）」などが制定されています。

---

**eco検定 ワンポイント・アドバイス**

　温室効果ガスについて理解し、ＩＰＣＣの地球温暖化第四次レポートの内容をしっかり把握しておきましょう。

## キーワード 17　水資源問題

　地球は「水の惑星」と言われるように、豊富な水が存在します。だからこそ、生命の成長と進化にふさわしい環境になり、多様な生態系がつくられてきました。しかし一見豊富に見える水も、有限で貴重な資源です。

### ■極めて少ない淡水

　海を見ていると、水資源が無尽蔵にあると感じてきますね。確かに、水そのものは地球上に豊富に存在しています。しかし、ここで言う「水資源」とは「淡水資源」のことなのです。

　地球上に存在する水の97.5％は海水です。魚やクジラのような海の生物は海水でも生きていけますが、陸上の生物が生きていくためには、淡水という塩分濃度の薄い清浄な水でなければいけません。

　その淡水はわずか2.5％しかないのですが、その大部分は南極や北極の氷として存在しています。陸上の生物が使える淡水はもっと少なく0.8％と言われています。
　しかも人間が飲料用など比較的簡単に使える淡水は、0.01％足らずというごくわずかな量なのです。このわずかな量を陸上のすべての生物で分け合ってきました。
　人間、動物、鳥、植物……。まんべんなく分け合えば、十分足りる量のはずでした。しかし、一部の人間が大量に使うことで、みんなに行き渡らなくなってしまっているのです。

### ■地球の水

　現在、その「水」が「水不足」と「水質汚染」という2つの大きな問題

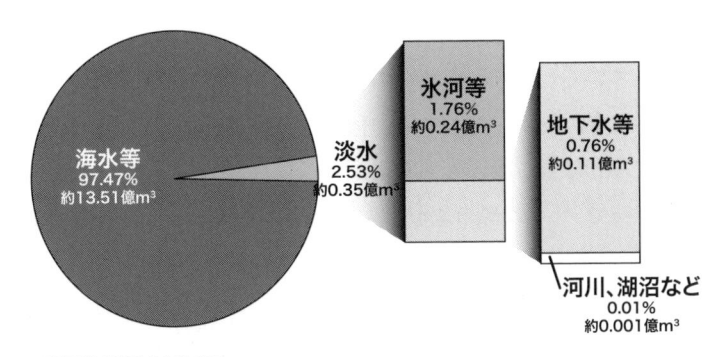

海水等 97.47% 約13.51億m³
淡水 2.53% 約0.35億m³
氷河等 1.76% 約0.24億m³
地下水等 0.76% 約0.11億m³
河川、湖沼など 0.01% 約0.001億m³

※南極大陸の地下水は含まれない。
※Assessment of Water Resources and Water Availability in World ; I, A. Shiklomanov, 1996(WMO発行)を元に作成

【地球の水】

に直面しています。

　たとえば国連の報告によると、「現在、安全な飲み水が不足している人が世界で10億人以上に達し、およそ25億人が適切な衛生サービスをうけていない状況」です。

　また、「予防できるはずの水系感染症が原因で、年間200万人の子どもたちが死亡している」ということです。

　このように、水資源の危機を考える場合は「不足」と「汚染」の両でとらえることが必要です。

■水資源の危機は生物存続の危機

　水が不足したり水が汚染されたりすると、地球上の生物は大変です。
　太古の昔、単細胞生物が海の中で誕生し、地球上の生命はすべてここから

進化してきたとされています。そのために体内に多くの水を含んでいます。

もちろん人間も例外ではなく、人体の60％以上が水です。水を飲まなければ4〜5日で人間は死んでしまいます。砂漠の生物でさえ、水がまったくなければ生きていくことはできないのです。

そして、汚染された水を飲むことで体内が汚染されて、病気になったり、場合によっては死に至る場合もあります。

そういう意味で、「水資源の危機は生物存続の危機」でもあるのです。

■水をめぐる争いに発展？

水がなくなると人間は絶対に生きていけません。石油が枯渇したとしても、不便になるだけで命がなくなるわけではありません。このことは水不足に悩む国家や民族間で水の奪い合いが始まる可能性があることを示しています。

アフリカ、中近東、中国、中央アジアなどでは、今後25年で人口が倍増するため、水の供給が困難になるのは避けられない状況と言われています。

国連は、「20世紀の戦争は主に石油を原因としていたが、21世紀の政治的、社会的戦いは水をめぐるものになろう」との予想さえしているのです。

とくに河川は、国境を越えて流れているものが多く、ガンジス川、ナイル川、ヨルダン川、チグリス・ユーフラテス川、アラル海に注ぐアムダリア川、シルダリア川などの流域では、水をめぐる紛争が起こる危険性が高いと言われています。

すでに、紛争が起こっている地域も増えてきています。1990年以降でも、南アフリカ共和国、イラク、インド、旧ユーゴスラビアなどで紛争が起こっています。とくにインドでは、カーナタカ州とタミル・ナゥ州をまたがって流れるコーベリー川から灌漑用水の分配をめぐり両州の住民が激しく対立して、推定で50人が死亡しています。

また、将来的に見て、水不足が懸念される国の多くが「核兵器保有国」であるのは、大変深刻な問題です。
　私たちは、「水資源の危機が平和に対する脅威でもある」ということを自覚する必要があるのです。

### ■水質汚染

　日本やアメリカなど経済成長を重視する国では、大量生産・大量消費が美徳とされてきました。この社会は、大量廃棄を前提にして成り立っています。その結果、大量の廃棄物が、煙として、スクラップとして、また汚水として排出されています。

　これらの廃棄物が河川、湖沼、海洋、地下水などを汚染し、生態系の破壊や健康被害をもたらしているのです。最近では、この問題が途上国にまで広がり、国境を越えた地球環境問題へと発展しています。

　世界保健機関によると、世界の50％の人に対して衛生設備が未整備で、途上国における病気の80％は汚れた水が原因です。その結果、8秒に1人の割合で子どもたちが水に係わる病気で亡くなっていると言われています。

#### ◆海洋の汚染

　水質汚染については、海洋、河川、湖沼、地下水について考える必要がありますが、後ろ3つについては公害問題のところで説明しましたので、ここでは海洋について見てみることにします。

　海は地球の表面積の7割を占めていて、すべてがつながっています。そのため、どこかが汚染されると、海流に乗って地球全体に広がります。
　たとえば、石油が大量に流出すると薄い油膜となって海を覆い、広範囲の生態系を破壊することになります。

　また大気中に放出された有害物質も、やがて河川や雨を通じて海に入

ってきます。工場の煙や自動車の排気ガスも酸性雨などに混じって、やがては海を汚染してしまうことになるのです。
　ＰＣＢや農薬などの合成の化学物質が北極海から検出されていますが、この大部分は大気によって運ばれたと考えられています。

### ◆北海でアザラシが壊滅

　1988年に北海沿岸で18000頭ものアザラシが死に、海岸に打ち上げられました。高濃度の有害物質でアザラシの免疫力が低下し、ウイルスに感染したのではないかと考えられています。
　北海は海といっても非常に狭く、日本海の30分の1しか水量がありません。この狭い海に廃水、廃棄物の投棄、海底油田からの原油漏れなどで、大量の有害物質がヨーロッパ中から流れ込んだのです。

### ◆タンカーなどから大量の原油が流出

　1989年にアラスカで起きたバルディーズ号の座礁事故で、4万トンを超える原油が流出しました。周辺の海岸や島々が汚染されて、ラッコや海鳥が次々に死んでしまったのです。
　事故から10年以上たった後でも、ニシンの漁獲量が大幅に減り、カモ類の卵の殻が極端に薄くなるなど、後遺症が続いていました。
　原油が流出すると、「油が薄膜となって海面を覆ってしまい、海水に酸素が供給されなくなる」、「原油を分解するために使用した界面活性剤が毒として作用する」などによって、長期間に渡って海域の生態系を破壊してしまうのです。
　日本でも、若狭湾沿岸で起きた「ナホトカ号の座礁事故」で大量の原油が流出したことを覚えている人も多いと思います。

## ■水不足

　現在いたるところで水不足の問題が起こっていますが、その原因について考えてみましょう。

◆灌漑(かんがい)

　灌漑とは、田んぼや畑に水を引いてきて土地を潤(うるお)すことです。

　昔は、灌漑用水としては川の水が使われていました。ところが、灌漑の規模があまりにも大きくなってしまい、多くの川が干し上がってしまったのです。

◆バーチャル・ウォーター

　バーチャルウォーターとは、食料を輸入している国（消費国）において、もしその輸入食料を生産するとしたら、どの程度の水が必要かを推定したものです。

　日本は農産物、たとえば小麦や大麦、豆類の9割以上、果物の約半分を外国から輸入しています。一般に、農産物1キロに対して1トンもの水が必要といわれており、農産物を輸入するということは「1000倍の重さの水を輸入していること」なのです。

　これだけでも驚きですが、さらに詳細な研究の結果、トウモロコシで1キロあたり1.9トン、小麦粉で2.0トン、精米後の米で3.6トン（いずれも1キロあたり）の水を利用していることが分かったのです（総合地球環境学研究所の沖教授の研究）。

　また、これらの穀物をエサとして使って日本で家畜を育てた場合、鶏肉で4.5トン、豚肉で5.9トン、牛肉では何と21トンの水を利用していることになります。牛丼1杯食べるのは、2トン以上の水を飲んでいることになるのです。

　2005年時点で、海外から日本に輸入されたバーチャルウォーター量は約800億立方メートルで、その大半は食料に起因しています。これは、日本国内で使用される年間水使用量とほぼ同じ量なのです。

　この他にも、木材や繊維製品などを輸入しており、「日本人の生活と

経済は世界の水によって支えられている」といえるのです。

◆水消費量の急増
　工業化や都市化に伴い工業用水や生活用水の需要が急増したために、世界の年間水消費量は1950年以降3倍以上になりました。1900年から現在までには6倍も増えています。
　この間に世界人口は3倍になっているので、水の利用量は人口増加の2倍以上のペースで増加していることになります。
　一方で1970年以来、世界人口が18億人増加したため、1人当たりの水供給量が3割以上減少しました。
　また生活排水や工場廃水で汚れてしまって、利用できる水が少なくなっていることも水不足に拍車をかけています。

　すでに一部の地域は、慢性的な水不足に苦しんでいます。
　国連は、「2025年までには、世界人口の3分の2が水不足に悩まされる可能性がある」と発表しています。とくにアフリカでは、深刻な水不足に見舞われる人口が2010年までに4億人に達すると予想されているのです。

　また、グローバル・ウォーター・ポリシー・プロジェクト代表のサンドラ・ポステル氏は、「これまで水資源が豊かな地域と考えられてきた米国や中国でも、一部で深刻な水不足に見舞われる可能性がある」と言っています。

　水不足は農業生産にも悪影響を及ぼし、これは食糧不足に直結します。

　前出のポステル氏は、「現在、農業で使われている水は世界の水使用量全体のおよそ3分の2を占めており、発展途上国では9割に達する国も多い。2025年には地球の人口が80億人に達し、食糧需要も大幅

に増加すると見込まれている。これほどの人口を養えるだけの食糧を生産するには、水の供給量をおよそ8000億立方メートル（8000億トン）も増やす必要があり、これはナイル川の年間流量の10倍以上に匹敵する」と指摘しています。

◆開発による水源消滅
　リゾートセンターやゴルフ場を作るために、保水能力の大きい森林を伐採したり、湖や川を埋め立てたりしたため、いたる所で水源が消えつつあります。
　また都市化のために、水田がどんどん工場や住宅地に変わると同時に、そこにあった水も消えてしまいました。
　道路をアスファルト化したり、川の護岸をコンクリートで固めてしまったので、雨水や川の水が地下に流れ込まなくなったことも大きな問題です。

　このような開発は、現在も続けられており、将来もより大規模に推進されると予想されます。

◆地球温暖化による気候変動
　国連は、地球温暖化で①干ばつの被害が増える、②日本を含む温帯アジアでは多くの河川で流量が減る、③山岳氷河の体積が2050年までに25パーセント減り、2100年には氷河からの水の流出量が現在の3分の2になる、と予測しています。

　キーワード16で、気候変動（気候変化）に伴って異常気象が増える可能性があることに触れました。要するに、「降るときは集中豪雨、降らないときはまったく降らない」という極端な状況が予想されているのです。

山林地帯の過剰伐採や人工林の荒廃などで、森林の保水能力そのものが減少してきています。そこに集中豪雨が降ると、森林や土壌の浸透水量（保水能力）を軽くオーバーしてしまい、あふれた雨水はあっという間に海に達してしまいます。
　一方、乾燥した晴天が続くと河川が干し上がります。さらに、気温の上昇で山岳氷河や豪雪地帯の積雪量が減ると、雪どけ水も減少します。

　これらのことから、地球温暖化が進むと、淡水資源が減少することは避けられないと思われます。
　日本の国立環境研究所は、「21世紀の後半に二酸化炭素濃度が2倍になると、中国から西アジア一帯、オーストラリア、東南アジアなど広い範囲で渇水時の川の流量が現在より25～50パーセントも減少する」と発表しています。

### ■水質汚染と水不足が同時進行している

　水が不足すると自浄作用が働かなくなり、水質汚染が進行します。また、水質汚染が進むと、利用できる水が少なくなります。こんな悪循環に陥っているのです。
　近年、先進国では取水規制や廃水規制が強化され、水質が不十分ながらも徐々に改善されてきています。ところが、中国や東南アジア、中南米などの発展途上国では、かつての先進国が体験した以上の大変な水不足と汚染に苦しんでいます。この傾向は、現地の経済発展に伴いますます強まっています。

### ■水資源を守るための対策

　重要なことは、汚れた水を浄化すること以上に「水を節約する」「水を汚さない」ことです。

　◆水源を守る
　汚染されてしまった水を浄化するには、かなりのエネルギーとコスト

を必要とします。

　水資源を守るためには、何よりもまず「水源を汚さない」「過剰消費はしない」ことが大切です。

◆徹底した節水を心がける

　たとえば、「水を使わないときは水道の蛇口を締める」、「節水コマ（水道管に挿入する節水用部品で、水量が約半分になる）をつける」、「トイレのタンクに栓をしたビンなどを入れて、タンクに貯まる水量を少なくする」、「お風呂の残湯を洗濯・トイレ・庭の水まきに利用する」、「洗車をやめる」などがあります。

◆洗剤・石けん・シャンプー・化粧品の使用量を少なくする

　汚れの落ちが悪いからと、石けんをたくさん使うのでは意味がありません。石けんも生分解性ですから、自浄限界を超えて排出されると汚染物質になってしまうのです。

◆水資源の有効活用・再利用

　たとえば、「雨水をタンクに貯めて、トイレの水や洗車用水として使う」、「米のとぎ汁を植木や庭の植物にかける」などが考えられます。

　身近なことが多くの人の行動につながり、大きな力となります。

---

**eco検定 ワンポイント・アドバイス**

水質汚染と水不足の原因を理解しておきましょう。またバーチャル・ウォーターについては、度々出題される可能性があるのでチェックしておきましょう。

## キーワード 18 オゾン層の破壊

■オゾン層とは？

◆オゾンとは？

　オゾン層は、地球の上空（成層圏）20kmから25kmくらいのところに5kmくらいの幅で広がっています。太陽からの強い紫外線を吸収し、私たちを有害な紫外線から守ってくれています。

　オゾン層のオゾンは、大気中の酸素が太陽からの強い紫外線を浴びることによって発生します。

　オゾンは、オゾン浴などで健康に良いというイメージがありますが、これはごく微量の場合で、それ自体は猛毒です。ところがこの猛毒であるオゾンが上空にあるときは、地球上の生物を守ってくれるのです。

　オゾンは、地上にあるときは猛毒で光化学スモッグなどの原因となり、上空にあるときは生物を守ってくれるというわけです。

◆オゾン層破壊と紫外線

　オゾン層が全部なくなると、陸上の生物は何も生きていけません。しかし今すぐには、そういうこと（オゾン層の消滅）は起こらないでしょう。したがって、「オゾン層が薄くなるとどうなるか？」が当面の問題です。

　研究の結果分かったことは、「オゾン層が薄くなると紫外線が増える」ということです。ただ、この紫外線というのは、オゾン層の破壊が始まる前とは違うものです。

私たちが「子どもは真っ黒のほうが健康的だ」とか「ビタミンDができるよ」と言っているのは、実は紫外線A（UV－A）のことなのです。

　紫外線はA、B、Cの3種類ありますが、AよりもB、BよりもCの方が光の波長が短くなり、生物にとっては危険です。紫外線Cに長く浴びていると、生物は死んでしまいます。この紫外線Cは、地球の40キロ以上の上空で大気に吸収し尽くされて、現在のところ地上には届いていません。

　オゾン層が破壊されて降り注いでくる有害紫外線というのは、紫外線Bのことです。最近化粧品などに「UV－Bカット」と表記されていますが、この「UV－B」が紫外線Bです。
　オゾン層が薄くなる前は、紫外線Bはオゾン層を通るうちに吸収されて、ほとんど地上に届いていませんでした。しかし近年、オゾン層が薄くなったために、紫外線Bの一部が地上に届きはじめたのです。

◆オゾン層はレースのカーテン
　オゾン層は5kmの幅で広がっていると説明しましたが、20kmから25km上空といえば、極めて空気が薄くて、圧力も非常に低いのです。
　実は、このオゾン層を大気圧に換算すると、わずか3ミリにすぎません。たった3ミリで地球の生命を守ってくれているのです。
　ちなみに、地球の空気がすべて大気圧だったとしたら8キロつまり800万ミリの厚みになります。3ミリといえば800万ミリの270万分の1。何と空気の270万分の1の成分が、地球の生物を守っていることになるのです。
　このようにオゾン層は非常に薄いので、「レースのカーテン」と呼ばれています。

■オゾン層破壊とその影響

◆南極にオゾンホールが出現

　1985年に南極でオゾンホールが発見されました。オゾンホールというのは、オゾン量が平年値の半分以下になった状態をいいます。しかも、その後の観測で毎年どんどん大きく広がってきていることが分かってきました。

　毎年、春先から初夏にかけて南極上空でオゾンホールが発生し、ここ数年その面積が南極大陸の2倍ほどになっています（南極は南半球のため、春先というのは9月のことです）。

　とりわけ2006年のオゾンホールは過去最大級に発達しました。

　オゾン層の厚さは、ドブソン単位（DU）で表されます。NOAAの地球システム調査研究所が測定したところ、南極のオゾン層は7月半ばでは平均値300DUでしたが、10月9日には93DUにまで激減していました。7月と8月に125DUの厚みがあった区域の一部では、1.2DUという記録的な薄さが観測されたということです。この数値は、この層でオゾンが事実上なくなっていることを意味します。

　地球全体としてのオゾン全量は、1980年以前（1964〜1980年の平均）に比べて少ない状態が続いており、とくに高緯度域の春季において著しく減少しています。

◆紫外線Bの影響

①皮膚ガンが増加する。

　紫外線Bは、生物のDNAつまり遺伝子の本体を傷つけます。冒頭で、世界中で皮膚ガンが増加していると述べましたが、その原因はオゾン層破壊に伴う紫外線Bの増加なのです。

②白内障患者が増える。

　紫外線Bの影響の2番目は、目に当たると白内障を起こすということです。

　UNEP（国連環境計画）は、「10％オゾンの減少が続くと、皮膚ガンは26％増えて、白内障による失明が毎年世界で160万人から175万人増える」と発表しています。

③免疫力が低下する。

　これからもっと大きな問題になると予測できるのが、紫外線Bが免疫力を低下させるということです。免疫力が低下すると、病気に感染しやすくなるし、いったん感染するとなかなか治りません。

④動物に悪影響を与える。

　たとえばオーストラリアなどで、木に激突したり、崖から落ちて死ぬカンガルーが続出しています。さらに南米チリやニュージーランドでも、牛やヒツジに同じような異変が増えています。紫外線Bの影響で目が見えなくなっているのです。

⑤植物や野菜の収穫が減る。

　成長細胞に紫外線Bが当たると、穀物などの収穫が減少する可能性があります。

⑦海の食物連鎖が切れる

　紫外線Bが増えると、魚介類が海の中から姿を消してしまう可能性があります。

　日光の下で生きている植物性プランクトンが紫外線Bに直接さらされ、DNAが傷つき生きていけなくなります。やがて食物連鎖が切れ、魚介類が減少することになるのです。

⑧光化学スモッグなど大気汚染を促進させる。

　対流圏でオゾンや光化学オキシダントが増えると、光化学スモッグなどにより健康や生態系に悪影響を及ぼします。

## ■オゾン層破壊の原因

### ◆フロンとは？

　オゾン層の破壊の直接原因は、フロンという化学物質です。フロンというのは日本語で、正式にはＣＦＣ（シーエフシー）と言います。

　ＣＦＣとは、クロロ・フルオロ・カーボンの略です。クロロは塩素、フルオロはフッ素、カーボンは炭素のことです。

　フロンは空気より重く、非常に安定な物質です。そのために、空気中に排出されると分解せずに長期間地上付近に漂い続けることになります。

### ◆オゾン層破壊のメカニズム

　フロンがオゾン層に到達すると、大気中をさまよっていた時とは比べものにならないくらい強烈な紫外線を浴びることになります。

　フロンは地上にあるときは、非常に安定で分解することはありません。しかし、こんな安定なフロンでも、オゾン層付近の紫外線を浴びると分解してしまうのです。

　普通の化学反応では２つの物質が反応して１つの物質ができるとか、３つの物質から２つの物質ができる程度のものです。ところが、フロンの分解によって反応性の大きい塩素原子が飛び出し、この塩素原子が連鎖反応で次々にオゾンを破壊してしまうのです。

### ◆フロン１個でオゾン10万個を破壊！

　フロンは100種類くらいありますが、１個で10万ものオゾンを破壊するものがあることが分かっています。これに加えてオゾンホールが

74

年々大きくなってきたため、世界的に規制されて「特定フロン」と名づけられ、1995年の末をもって15種類のＣＦＣが全廃されました。
　同時に、四塩化炭素とトリクロロエタンという塩素系の有機化学物質が、ＣＦＣと同じくらいオゾン層を破壊するとして全廃されました。
　また、塩素の代わりに臭素を含んだ3種類のハロンという化学物質は、フロンよりもオゾン層破壊の力が3～10倍も大きいこともあって1994年に全廃されています。

◆フロンの用途
　ところで、フロンというのはオゾンとは正反対で、陸上では毒性が極めて低いのです。人間が飲んでも害はないし、物を腐らせたり、錆させたりもしません。そのために、重宝されて様々な用途に使われてきました。
　フロンは大きく分けると、次の3つの用途で活用されてきました。

①冷やす
　冷媒として、つまり冷やす働きをするものとして、冷蔵庫をはじめエアコン、カーエアコン、ジュースやビールの自動販売機に使われています。

②発泡させる（断熱する）
　気化しやすい性質を利用して、スプレー（エアゾール）や、発泡ウレタンとか発泡スチロールに使われています。
　この発泡ウレタンや発泡スチロールは、断熱材として使われています。フロンは熱を伝えにくい性質があるので、冷蔵庫や自販機などの断熱材の中に入っているのです。

③洗浄する
　洗浄剤として、ＩＣなどの電子部品や精密機械などの洗浄に、そして

ドライクリーニングにも使われてきました。

このように、フロンは人間の生活にとってなくてはならないものとなっていました。しかし、どんどん捨てられて、オゾン層を破壊するようになってしまいました。

◆代替フロン
①代替フロンHCFC
　CFCがオゾンを破壊するのは、「CFCが非常に安定なため、大気中（正確には対流圏）で分解することなくオゾン層に到達してしまう」からです。だとすると、オゾン層に到達する前に分解してしまえばいいわけです。
　そのように考えてできたのが、代替フロンHCFCです。ここで「H」は水素です。
　しかし、すべて対流圏で分解されるわけではなく、しかも生産量が増大していることから、HCFCも2020年に実質全廃されます。
　しかもHCFCの中には、温暖化の寄与度が二酸化炭素の4000倍もあるものが存在することが分かっています。

②代替フロンHFC
　オゾン層破壊の原因は、フロンが分解して放出される塩素原子でした。つまり、「塩素が入っていなければオゾン層は破壊されない」はずです。
　そこで、化学者は塩素のないフロンを作ろうと考え、その結果生まれたのがHFCという代替フロンです。これはHCFCから最初のCつまり塩素をなくしたものなのです。
　確かに、HFCは塩素が含まれていないのでオゾン層を破壊しません。ところが、この物質も「地球温暖化の力が二酸化炭素の3000倍以上もある」ことが分かったのです。
　このため、HFCも温室効果ガスとして指定されるなど、次第に使わ

れなくなってくるでしょう。

## ■オゾン層破壊の予測

### ◆オゾン層破壊は予測されていた
　実は、前もってオゾン層破壊を警告していた科学者がいます。
　アメリカのローランド博士とモリーナ博士という２人の科学者が、1974年に警告を出していたのです。しかし当時は、ほとんど無視されていたそうです。
　ローランド博士らは、ねばり強い活動を重ねました。そしてとうとう特定フロンの全廃を果たし、1995年度のノーベル化学賞受賞へとつながったのです。

### ◆オゾン層破壊はしばらく続く
　実は、いまここで放出したフロンがオゾン層にたどり着くのに、平均15年以上もかかるのです。つまり現在起こっているオゾン層の破壊は、15年前に放出したフロンの影響ということになります。

　15年前までに放出されたフロンの割合は、全生産量の十数％にすぎません。その十数％で南極の２倍もあるようなオゾンホールを作ったり、北半球のオゾン層破壊をもたらしているのです。

　15年前から現在までに「大気中に放出された」フロンの割合は、80％以上もあります。実に８割のフロンがすでに放出されてしまったのです。
　そして残り10％足らずのフロンが、冷蔵庫、自動販売機、カーエアコンの中に残っています。
　８割以上のフロンがすでに放出されてしまっているので、残り10％のフロンをまったく放出しなくなったとしても、しばらくはオゾン層破

壊が続くことが予想されています。

　米ジョージア工科大学の研究チームは、「1980年のレベルまでオゾンの量が回復するのは、今世紀半ばごろになる」と報告しています。

◆紫外線Bから身を守るために
　多くの先進国で、直射日光に当たらないよう様々な呼びかけをしています。
　いくつかご紹介しましょう。

①バーンタイム・テンミニッツ！
　新聞やテレビの天気予報で「今日の紫外線情報」が発表されます。
　その中で「バーンタイム」という言葉が使われることがあります。

　バーンタイムとは、簡単に言うと「これ以上、直射日光に当たると危険な時間」のことです。たとえばバーンタイム・テンミニッツというと、「10分間以上、直射日光に当たると危険ですよ」という意味です。
　オーストラリア、カナダ、ヨーロッパなどでは、このような情報を天気予報などで警告しています。

◆日本でも紫外線情報！
　日本でも、気象庁が全国の紫外線の強さを14段階の指標で示した予測情報をホームページで公開しています。

　強度レベルは、世界保健機関（WHO）の国際指標に基づいて、「0」から「13以上」まで14段階に色分けして日本地図上に示されています。
　具体的には、「中程度」（強度3〜5）や「強い」（同6〜7）の場合は長袖の服や帽子の着用、日焼け止めクリームの使用を薦め、「非常に強い」（同8〜10）や「極端に強い」（同11以上）では外出をなるべく避けるよう勧告されます。

②スリップ、スロップ、スラップ＆ラップ

　スリップ、スロップ、スラップ＆ラップというのは、紫外線から身を守るためのスローガンです。

　オーストラリア（ガン防止協会）で始まりましたが、今では多くの国に広がっています。

　【スリップ】‥‥すばやく長そでのシャツを着ましょう。
　【スロップ】‥‥日焼け止めローションを塗りましょう。
　【スラップ】‥‥首すじなども隠れるような帽子をかぶりましょう。
　【ラップ】‥‥‥紫外線B（UV－B）を遮断できるサングラスをかけましょう。

■オゾン層破壊防止の取り組み

　国際的な取り組みとしては、1985年にウィーン条約が、また1987年にはモントリオール議定書が採択されました。

　国内では、1988年（昭和63年）にオゾン層保護法が、2001年（平成13年）にフロン回収破壊法が制定されています。

eco検定 ワンポイント・アドバイス

　オゾン層・フロン・紫外線Bの影響について理解を深めましょう。
　またウィーン条約・モントリオール議定書・オゾン層保護法・フロン回収破壊法の制定された年を覚えておきましょう。

## キーワード 19 森林破壊

地球は「水の惑星」と言われていますが、同時に「緑の惑星」でもあります。アマゾン、東南アジア、シベリアなどの森林地帯は豊富な生態系を育み続けてきました。その森林が急激に減少しています。

フィリピンや中国では台風や大雨の度に大規模な洪水に襲われていますが、これは上流の森林地帯が破壊されたために、保水力（水を蓄える能力）がなくなったのが大きな要因です。

また、アマゾンや東南アジアなど至るところで山火事が発生しています。これも森林伐採によって、付近一帯が乾燥化したために起こっているのです。

### ■森林破壊の現状

乱開発や過剰伐採のために、すでに世界の原生林の80パーセント近くが失われました。

緑豊かに見えるヨーロッパでは原生林はすでに全滅していて、現存するのは全部人工林なのです。アメリカでも原生林は15パーセントしか残っていません。

世界では、この20年間で日本の面積の10倍もの森林が失われ、そのうち半分が砂漠化しました。

とくに次の図のように、中央アメリカ、東南アジア、アフリカ、アマゾンなどの熱帯地域で原生林（天然林）が大規模に破壊されています。

たとえばアマゾンでは、1978年から1996年までにフランス1国分の面積に匹敵する50万平方キロの熱帯林が消失しました。これはアマゾンの熱帯雨林の12.5％に相当します。

現在、1年間に日本の3分の1から半分の面積に相当する森林が、地球上

から消えています。これは成長量の10倍の速さで失われていることに相当します。

このままでは、100年以内に世界の原生林が全滅する恐れがあります。しかも、温暖化や酸性雨で木が枯れたり、木材の消費量が増えると50年とか30年で全滅してしまうかも知れません。

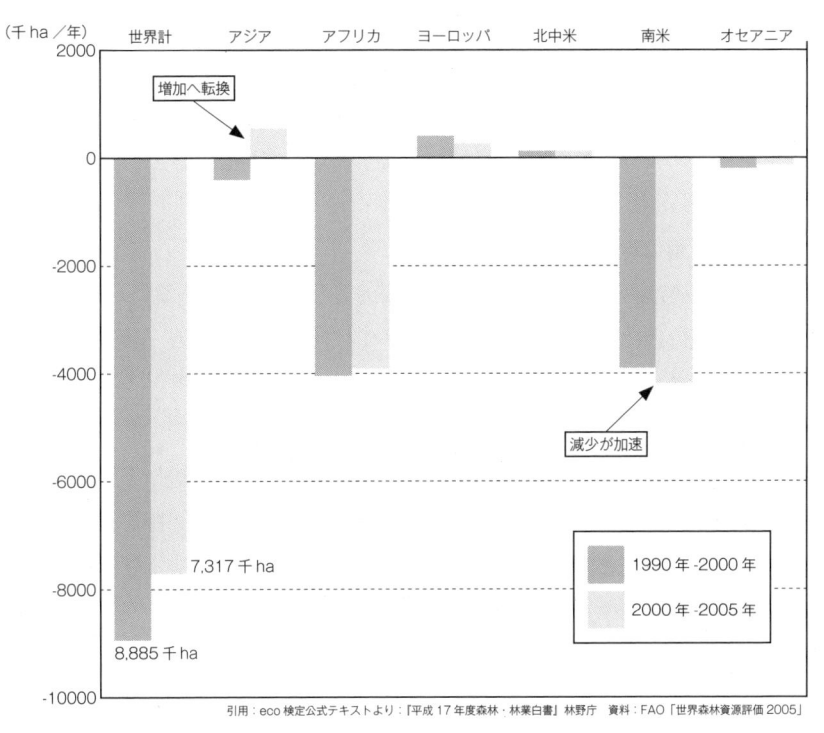

(千ha／年)　世界計　アジア　アフリカ　ヨーロッパ　北中米　南米　オセアニア

増加へ転換

減少が加速

7,317千ha
8,885千ha

1990年-2000年
2000年-2005年

引用：eco検定公式テキストより：『平成17年度森林・林業白書』林野庁　資料：FAO「世界森林資源評価2005」

◆森林伐採に伴う表土の流出

この20年で、世界でインド全土の耕地に相当する5000億トンもの表土が流失してしまいました。

とくに熱帯地方では、もともと肥えた土というのは10センチくらいの厚みしかありません。非常に暑いので、落葉したり、動物が死んだりしても、すぐに腐って分解してしまいます。

何千年もかかって、やっと10センチくらいの土ができますが、森林

伐採後の大雨で、いとも簡単に流失してしまうのです。

■森林破壊の原因

◆先進国による商業伐採と乱開発
　1960年代以降、とくに先進国の人たちによって建築用資材として、あるいは紙を作るための商業伐採が行われてきました。
　また、工場建設・農地化・リゾート開発・換金作物栽培のための乱開発などによって、森林破壊がますます加速しています。

◆無計画に行われる焼畑農業
　森林破壊のもうひとつの大きな原因として、「焼畑農業」があります。
　人類は森に住み着いて以来、何千年に渡って伝統的な「焼畑農業」を行ってきました。そこでは、見事なまでに森林の再生サイクルを知り尽くした方法が行われていました。
　それは、「ある一定の区画を焼いて農地にして数年耕作した後、今度は隣の区画を焼いて農地とし、そして数年後にまたその隣を焼き……元に戻ってきたときには見事に森林は再生している」というような計画的な焼畑農業です。

　ところが、いま森林を破壊し続けている焼畑は、まったく無計画に行われているのです。
　南米や東南アジアでは、数パーセントの大地主が大部分の土地を独占していて、貧しい人々を森林に追いやっています。追いやられた人々は、生きていくために本来の伝統的な「焼畑農業」の知識なしに、次々に森林を焼き払っていくことになります。
　つまり、問題は"無計画な"焼畑農業にあるのです。

◆牧草地にするための先進国による焼畑

　無計画な焼畑は、先進国によっても行われてきました。たとえば、アマゾンや中央アメリカの熱帯林を大規模に焼き払い、牛の放牧地に変えていた事例があります。

　ただし、熱帯林を放牧地に変えたとしても、10年もたたないうちに土がやせたり、流出したりして、牛を育てることができなくなります。

　そのために、安い肉を確保し続けようと、次々に熱帯林を焼き払うことになるのです。

◆エビの養殖

　タイやマレーシアの河川の河口付近には、マングローブ林という塩水でも生きていける樹木帯が広がっています。ここではエビの養殖が行われており、とくに日本へ大量に輸出しています。

　養殖を数年間続けると、海水中の栄養分がなくなり、やがてエビが採れなくなります。そのために、養殖場を広げなければならなくなります。

　こうして、次から次にマングローブ林が伐採されているのです。

◆ダムの建設

　ダムの建設も森林破壊の原因になっています。

　ダムが建設されるのは、大きな保水能力がある森林地帯です。

　ところが人間は、この自然のダムである森林地帯を切り崩し水没させて、巨大な人工のダムをつくっています。

　しかも、ダムの上流では建築材や紙をつくるために、大量の森林が伐採されています。このため上流で降った雨が、むき出しになった土砂を洗い流してダムに流れ込みます。

　やがてダムは大量の土砂で埋まり、使えなくなってしまうのです。

　また、もともと森林地帯であったダムの水には栄養分が多く含まれているため、たちまち藻が異常繁殖したり、赤潮が発生したりすることに

なります。

◆森林破壊の原因をつくっているのは日本？

　日本が森林破壊の大きな原因となっているのは、残念ながら事実です。

　日本は国土の約66％が森林です。これは「森と湖の国」と呼ばれるフィンランドの約70％に次いでいます。

　そして日本の森林地帯は、毎年国内の総消費量に相当する木材を生み出しています。

　ところが、実際に伐採されているのはそのうちの3分の1程度にすぎません。今では、8割を輸入に頼っている世界最大の木材輸入国になりました。

　日本は、「ある地域の森林を伐採し尽くすと、再生させることを考えないで次の原生林を伐採する（伐り逃げ）」という方法をとってきました。

　この方法で、日本は1960年代はフィリピン、70年代はインドネシアの森林を大量に伐採しました。その後も他の東南アジアの国々、中国、シベリアなどから大量の木材を輸入しています。

　ただ最近は、森林保護の重要性が分かってきたので、中国などで輸入を規制する動きが出てきています。

■森林破壊防止への取り組み

◆国際的な取り組み

　森林破壊の背景には、「開発途上国の貧困や急激な人口増加という問題」と「多くの開発途上国が財政難に陥っているという問題」があり、自力による森林の保全・造成が困難になっています。

　このため先進国主導による「持続可能な森林経営」という考え方にもとづいて、熱帯林の保全に向けた国際的な取り組みがなされています。

また国連食糧農業機関（ＦＡＯ）により、熱帯林の適正な開発と保全を図ることを目的とした熱帯林行動計画による支援や国際熱帯木材機関（ＩＴＴＯ）による取り組みなどが行われています。

◆日本の取り組み
　森林破壊の原因は、日本など先進国の大量消費にあります。やはり、とくに日本の木材消費を減らさなければなりません。もともと日本には、すべての需要をまかなうだけの森林資源があるのですから、本気で取り組めばうまくいくはずです。

　具体的には、「ムダな消費を減らして国内の需要は国産木材でまかなう」「計画的に森林の植林を行って、成長量以上に伐採しない」「原生林の伐採を禁止する」などが必要でしょう。

　個人レベルでは、「できるだけ輸入木材でできたものを使わない」という方法がありますが、一方で「国産品を応援する」という方法もあります。

　この他にも、「過剰包装を断る」「買い物かごを持参する」「紙コップなど使い捨てを減らす」「少しくらい高くても再生品、リサイクル品を買う」「植林、間伐、草刈などの森林保全活動に参加する」などたくさんあります。

◆森林認証制度について
　1993年から「管理の行き届いた森林で生産された木材を使用しよう」という声に応えて、ＦＳＣ（森林管理協議会）による「森林認証制度」が行われています。

森林認証制度は、適正に管理されている森林を「認証」し、その認証林から生産された木材やその木材でつくられる製品に「ＦＳＣマーク」をつけて幅広く流通させようという制度です。ＦＳＣマーク製品を選択することで、森林を破壊して生産された木材製品の使用を避け、世界中の森林の保全に貢献することができます。

FSC Trademark(C)1996
Forest Stewardship Council
A.C.-FSC-SECR-0025

### eco検定 ワンポイント・アドバイス

①森林が破壊されると、森林の役割だけでなく、水の役割や土壌の役割も果たせなくなります。
②伝統的な焼畑と無計画な焼畑との違いも理解しておきましょう。
③ＦＳＣマークが他のマークと区別できるようにしておきましょう。

## キーワード20 酸性雨

　3千万人もの人口を抱える中国の重慶市は、「霧の重慶」と呼ばれています。鉄鋼、化学、軍需工場などが密集し、年間200日以上も霧に覆われます。この辺りで使われている石炭は質が悪くて硫黄分が大変多く、それが燃えてできる汚染物質が酸性雨となったり酸性霧となったりしているのです。そのために健康への被害が大きく、呼吸器疾患の死亡率は中国平均の3倍に達しています。

　このほか特に途上国の大都市圏で、酸性雨が原因と見られる健康被害が急増しています。また酸性雨の影響で、世界中の森林が大規模に枯死したり、湖が酸性化して、魚介類に著しい悪影響を及ぼしたりしています。

　日本でもpH5以下の酸性雨が至るところで降っています。

### ■酸性雨とは?

◆酸性雨

　石炭や石油など化石燃料に含まれる硫黄（S）が燃えると、硫黄酸化物（SOx：ソックス）が、また燃料中の窒素（N）や空気中に79％含まれる窒素（$N_2$）が燃えると、窒素酸化物（NOx：ノックス）が発生します。

　これらの硫黄酸化物や窒素酸化物が、上空のオゾンや水蒸気と反応すると、それぞれ硫酸や硝酸の雨となって降ってきます。これを酸性雨といいます。一般に、pHの値が5.6以下になった状態を酸性雨と呼んでいます。

◆pHについて

pH（ピーエイチあるいはペーハー）は、水中に含まれる水素イオンの濃度を表す指標です。

pHの値が7を中性、7未満を酸性、7を超える場合をアルカリ性としています。

pH値が「1」小さくなると、酸性の強さは10倍になります。同じように、pH値が「1」大きくなると、アルカリ性の強さが10倍になります。

レモンのしぼり汁　　　　　　　　　　石けん水

| 酸性 | 中性 | アルカリ性 |
| 0 | pH7 | 14 |

● すっぱい
● 青色リトマス紙を赤く変える
● 鉄、スズ、亜鉛などの金属と反応して水素をだす。

● ヌルヌルして苦い
● 赤色リトマス紙を青く変える
● 炭酸ガスをよく吸収する

出典
HORIBAグループ・ウェブサイト
URL:http://www.horiba.com/jp/process-environmental/features/water-quality/the-story-of-ph/what-is-ph/preface/

たとえば、pH2はpH7に比べて10万倍（10の5乗）も酸性が強いことになるのです。

◆酸性雪

　酸性雨が雪となった状態を酸性雪といいます。豪雪地帯などでは、雪融け期になると積もっていた雪から大量の酸性物質が流れ出します。このため河川や湖の酸性化が一気に進み、生態系に大きな影響を及ぼすことがあります。

◆酸性霧

　酸性物質が微粒子になって漂っている状態を酸性霧といいます。

　酸性雨の場合は、葉についても後から降ってくる雨に洗い流されてしまいます。降り始めの雨よりも、後から降ってくる雨の方がかなり酸性が弱くなるからです。

　ところが酸性霧は、pHが1～3もあって酸性雨よりも酸性が100倍以上も強く、しかも木の葉や土壌などに付着します。

　そして、そのまま洗い流されることなく長時間存在するので、それだけ影響も大きくなるのです。

■昔からある酸性雨の被害

　実は、SOxやNOxによる被害は17世紀からすでに報告されています。

　イギリスでは、1661年に作家のジョン・イブリンが「石炭から出る地獄のような陰気な煙がロンドンをおおっている」と書いています。

　また1772年に博物学者のギルバート・ホワイトが「庭の果物も実らず、子どもの半数は2才以下で死んでいる」と述べています。

　1952年には「ロンドンスモッグ事件」が発生しました。このときの酸性雨のpHは1.5で、レモンよりも酸っぱく強烈なものでした。

　このほか、ベルギーで63人の死者を出した1930年のミューズ渓谷事件、20人が死亡した1948年のアメリカで起きたドノラ事件などが有名です。

　どちらも、近くの精錬所や硫酸工場から排出される硫黄酸化物が原因と言われています。

日本でも19世紀末に、硫黄酸化物を含む酸性雨や酸性霧のために、足尾鉱山周辺で森林の立ち枯れが起こっています。1960年代には、四日市、川崎、尼崎、北九州などで大気汚染によるぜん息や気管支炎の被害が続出したことは有名です。

　さらに1974年7月3日には北関東一円に降った霧雨で、3万人以上の人が目や皮膚の刺激を訴えました。この被害をきっかけに、日本でも酸性雨がクローズアップされ、環境庁（現、環境省）が関東地方で酸性雨の観測を始めたのです。

■酸性雨の影響

①樹木の衰退

　酸性雨の影響の第一は、「樹木の衰退」です。とくに、広葉樹よりも針葉樹に大きな被害が出ています。裸子植物である針葉樹は、樹冠部や種子が酸性雨や酸性霧に直接さらされるために傷つきやすいのです。

　外から見ると正常な森林が、実は酸性雨や酸性霧によって弱っていて、寒波や高温、雨不足などをきっかけに、突然、樹木が広い範囲で立ち枯れしたり倒れたりしてしまうことがあります。

②土壌の酸性化

　酸性雨が降り続くと土壌が次第に酸性化して、土の中のアルミニウムが溶け出してきます。この状態のア

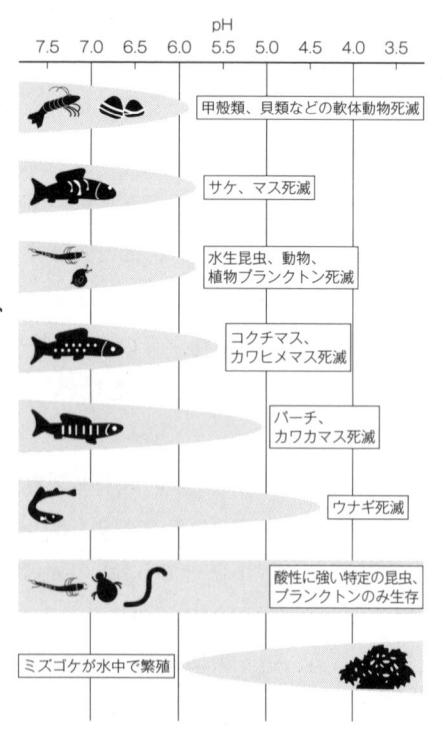

ルミニウムは有毒物質として働き、土壌中の微生物を死滅させます。
　また、樹木の養分であるカルシウムを奪って、枯死させてしまいます。
　さらにクロロフィル（葉緑素）を作るのに必要なマグネシウムを奪うことで、光合成を妨害してしまうのです。

③湖沼水の酸性化
　酸性雨は湖や沼の水を酸性にして、水生生物に重大な影響を与えます。

　湖水そのものが酸性化することによる直接的な影響もありますが、酸性化によって水底の土壌からアルミニウム、銅、カドミウム、鉛などの有害金属が溶け出し、水生生物が中毒死してしまうことが多いのです。
　そして一般に、酸性雨によって生物が死滅した湖沼は、溶け出したアルミニウムが汚れたものを集めて沈める「凝集沈殿作用（ぎょうしゅう）」があるために透明度が高くなります。
　見事なほど透明な湖になりますが、生物の存在しない「死の湖」なのです。
　また、酸性雨に含まれる窒素酸化物が湖沼、内海などの停滞性の水域に蓄積して、富栄養化による赤潮の原因にもなっています。

④人体への影響
　酸性霧による気管支喘息や肺炎はもちろんですが、1960年に北欧で髪が緑になるという事件が多発したことがあります。調査の結果、酸性雨によって井戸水や水道水が酸性化したためということが判明しました。
　水道管に使われていた銅が酸性化した水に溶け出し、その水を飲んだり洗髪に使ったために、髪が緑色に染まってしまったのです。

⑤建造物や文化財への影響
　一般に建造物や文化財は、酸に侵されやすい金属やカルシウムでできています。
　これらが酸性雨にさらされることにより、大理石が石コウ化したり、雪国

の「つらら」のような「酸性雨つらら」ができたりするのです。

　このほかにも、「上野公園の西郷さんの像が変色してしまった」「4600年前に建造されたスフィンクスがこの30年でボロボロになった」「ロダンの考える人が溶けて涙を流しているように見える」など、世界中から報告されています。
　また、鉄道のレールがさび付いたり、橋げたのコンクリートの一部が崩れているのをよく見かけるようになりました。見つけたら直ちに点検し、大事故が起こらないうちに修復しておかなければなりません。

■酸性雨の原因

　石炭や石油を燃やすと、硫黄酸化物が発生します。また車を運転すると、窒素酸化物が排出されます。これらが酸性雨の原因になっていることは明らかです。しかし、これは大気汚染すなわち「公害問題」の原因にほかなりません。
　ここで問題にしているのは、酸性雨という「地球環境問題」のはずです。

　簡単に言えば、「公害問題」は、四日市とか尼崎とか水俣とか狭い範囲つまり局地的な問題で、「地球環境問題」は国境を越えた地球規模の問題です。

　かつてイギリスは大変深刻な大気汚染に苦しんでいました。このときの大気汚染は、局地的な「公害問題」でした。その原因は、煙突が低かったので煙が工場の周辺にたちこめたことにありました。
　煙突を高くすると、上空の風に乗って煙が遠くまで運ばれるため、周辺のいわゆる「公害問題」を防ぐことができます。

　そこでイギリス政府は、1956年に「大気浄化法」を作り、高層煙突の建設を推進したのです。ところが、煙突の高層化が新たな問題を引き起こしました。汚染物質が気流に乗って遠くに運ばれ、北欧のスカンジナビア半島で

「酸性雨」となって降り注いだのです。

　つまり、被害が国境を越えてしまったのです。このとき、局地的な「公害問題」がボーダレスの「地球環境問題」へと変貌を遂げたのです。

　その後、東欧諸国、ドイツ、フランスなどからも汚染物質が気流に乗って風下に運ばれ、スカンジナビア半島に集中していることが分かりました。

　ノルウェーなどスカンジナビア諸国の酸性雨は、ほかの国からの汚染物質が大きな原因となっていたのです。

### ■酸性雨防止の取り組み

　国際的な取り組みとして、ヨーロッパで1979年に「長距離越境大気汚染条約」が採択されました。同条約にもとづいて、1985年に硫黄酸化物の排出削減のための「ヘルシンキ議定書」が、1988年には窒素酸化物の排出削減のための「ソフィア議定書」が採択されました。

　日本国内では、大気汚染防止法、自動車の排気ガスからの窒素酸化物を規制する自動車ＮＯx・ＰＭ法が制定されています。

---

**eco検定　ワンポイント・アドバイス**

　酸性雨はpH7の中性ではなく、pH5.6以下であることに注意してください。

　もともと大気中に含まれている二酸化炭素が水に溶けるとpH5.6くらいになります。

　つまり、pH5.6までは自然の状態でもありえるのです。

　しかし、それ以下の場合は何らかの酸性物質が混ざっていることを意味するので、一般にpH5.6以下を酸性雨としているわけです。

　また「ヘルシンキ議定書」と「ソフィア議定書」を混同しないよう注意しましょう。

## キーワード 21 　生物多様性の危機

　生物多様性とは、あらゆる生物種の多さと、それらによって成り立っている生態系の豊かさやバランスが保たれている状態を言い、さらに、生物が過去から未来へと伝える遺伝子の多様さまでを含めた幅広い概念です。
　生物多様性は「種の多様性」「生態系の多様性」「遺伝子の多様性」という3つの側面で考えることが重要です。

①種の多様性……地球上には様々な生物が存在する。
　地球上には、科学的に名前のついている生物種が約175万種、まだ発見されていない未知の生物種を含めると数千万種が存在するとされています。

②生態系の多様性……地球上には様々な環境がある。
　地球上には、自然林（原生林）や里山林・人工林などの森林、砂漠・湿原、海・湖沼・河川など、さまざまな環境があります。すべての生き物は、生命の誕生以来、これらの環境に適応することで、進化し多様に分化してきました。

③遺伝子の多様性……それぞれの種の中にも個体差がある。
　様々な環境に適応していくためには、それぞれの環境に強い個体が存在する必要がありました。そのため同じ種であっても個体間で、また生息する地域によって体の形や行動などの特徴に違いが出てくるのです。

■生物多様性の現状
　現在、世界中で数多くの野生生物が絶滅の危機に瀕しています。IUCN（国際自然保護連合）がまとめた2008年版の「レッドリスト」には、絶滅のおそれの高い種として8462種の動物と8466種の植物がリストアップさ

れています。

日本では、2006～2007年に公表された「環境省版レッドリスト」に3155種が絶滅のおそれのある種として掲載されています。

### ◆生物の絶滅速度は過去の100～1000倍

生物の大絶滅が過去に5回ありました。オルドビス期、デボン期、二畳期、三畳期、白亜期と呼ばれる時代です。

2億5千万年前の二畳期には90％の生物種が、また6500万年前の白亜期には恐竜など75％が絶滅したと言われています。

たとえば恐竜の絶滅は一瞬に起こったのではなく、数百万年間にわたって徐々に進行したものなのです。

それに比べて現在の、そして将来予測される生物種の絶滅速度は、はるかに大きくなっています。

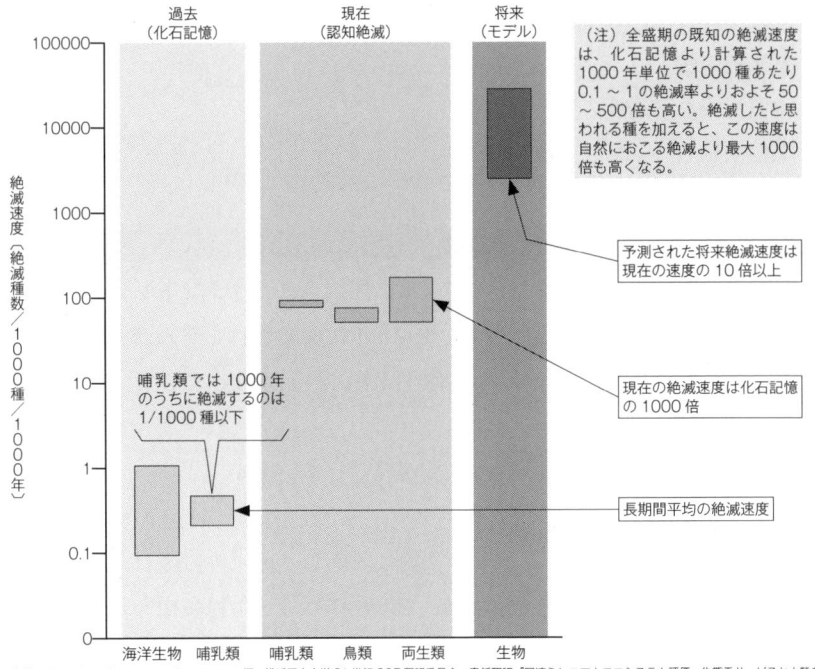

（注）全盛期の既知の絶滅速度は、化石記憶より計算された1000年単位で1000種あたり0.1～1の絶滅率よりおよそ50～500倍も高い。絶滅したと思われる種を加えると、この速度は自然におこる絶滅より最大1000倍も高くなる。

予測された将来絶滅速度は現在の速度の10倍以上

現在の絶滅速度は化石記憶の1000倍

哺乳類では1000年のうちに絶滅するのは1/1000種以下

長期間平均の絶滅速度

出典：Millennium Ecosystem Assessment 編、横浜国立大学21世紀COE翻訳委員会　責任翻訳『国連ミレニアムエコシステム評価　生態系サービスと人類の将来』オーム社
引用：eco検定公式テキスト

このことについてミレニアム生態系評価（22 ページ）では、「人類は、そうした自然に起きる絶滅と比べて 100 ～ 1000 倍もの速い速度での種の絶滅をもたらしている」と試算しています。
　現在の絶滅の状況は過去 5 回の大絶滅をしのぐ規模で進行しており、「6 回目の大絶滅、そしてそれは人類が引き起こしている」といわれています。
　同評価では、「将来の絶滅速度は現在の 10 倍以上」と予測しています。

### ■生物種減少の原因

　生物種減少の原因は自然によるものも含めて非常に多くの要因が考えられますが、とくに人間が関わっているものとして次の 4 つが指摘されています。

1. 開発や森林伐採など生息環境の変化、魚の乱獲など過度の資源利用
2. 外来種の侵入
3. 水質汚濁など過度の栄養塩負荷
4. 気候変動

### ■生物多様性を保全するための政策

　国際的な取り組みとしては、1973 年に採択されたワシントン条約で「絶滅危惧種の国際取引」が規制され、1971 年に締結されたラムサール条約により「水鳥とその生息地である湿地の保護」が定められました（いずれも 1975 年に発効）。
　さらに 1993 年には生物多様性条約が発効しています。

　日本では、1993 年にワシントン条約に対応し「絶滅のおそれのある野生動植物の種の保存に関する法律」が、2008 年には「生物多様性基本法」が制定されています。

◆**生物多様性条約について**

　生物多様性条約（生物の多様性に関する条約）は、ラムサール条約やワシントン条約などの特定の地域、種の保全の取組みだけでは生物多様性の保全を図ることができないとの認識から、新たな包括的な枠組みとして提案されました。

　1992年5月22日に採択され、ブラジルのリオデジャネイロで開催された国連環境開発会議（地球サミットで）署名が開始（署名開放）されました。翌1993年12月29日に発効し、2009年10月末現在、192の国と地域がこの条約を締結しています。

　なお日本は1993年5月に締結しています。

　この条約は、①地球上の多様な生物をその生息環境とともに保全すること、②生物資源を持続可能であるように利用すること、③遺伝子資源の利用から生ずる利益を公正かつ衡平（公平）に配分すること、を目的としています。

　条約の締約国に対しては、その能力に応じ、保全、持続可能な利用の措置をとることを求めるとともに、各国の自然資源に対する主権を認め、資源提供国と利用国との間での利益の公正かつ衡平な配分を求めています。

　また、締約国に対して「生物多様性の保全と持続可能な利用のための国家戦略の策定」を求めています。これを受けて日本は、1995年10月に第1次国家戦略、2007年11月には「第3次生物多様性国家戦略」が閣議決定されています。

　さらに、生物多様性条約に関連して、生物多様性に悪影響を及ぼすおそれのあるバイオテクノロジーによって改変された生物の移送、取り扱い、利用の手続き等について定めた、カルタヘナ議定書が採択されています。

◆生物多様性基本法

　日本国内では、生物多様性基本法案が2008年5月20日に可決され、同年6月6日に生物多様性基本法として公布、施行されました。

　この法律は、「生物多様性に関する施策を総合的かつ計画的に推進し、生物多様性から得られる恵沢を将来にわたって享受できる自然と共生する社会の実現を図り、あわせて地球環境の保全に寄与すること」を狙いとしています。

> **eco検定 ワンポイント・アドバイス**
>
> 　生物多様性は「種」「生態系」「遺伝子」の3つの側面で考えることが重要であることを再認識してください。
> 　また「ラムサール条約」と「ワシントン条約」の区別が付けられるようにしておきましょう。

## キーワード 22 食糧問題

 食糧問題と一口に言っても、「食糧（栄養）が不足すること」、「食糧があるところとないところの差が大きいこと」、「自給率が悪いこと」など様々な側面がありますが、ここでは地球環境問題としての食糧問題を取り上げることにします。

### ■食糧問題の現状

 現在、世界の人口はおよそ68億人ですが、そのうち50億人近くが途上国に住んでいます。途上国ではその人口の6分の1に相当するおよそ8億人が栄養不足で、このうち9割もの人々が長期にわたる貧困のために日々の食料を十分に得ることができません。

 サハラ以南のアフリカでは、人口のおよそ3分の1が栄養不足とされています。さらに人口増がこの状況に拍車をかけています。

 餓死者は1年間に1500万人～1800万人とされており、とくにアフリカと南アジアでは栄養不足による餓死者が多いのが現状です。

### ■食糧問題の原因

 食糧問題の原因としては、①戦争・内戦・テロ、②地球温暖化や森林破壊、砂漠化などの環境破壊、③貧困層の人口爆発、などが考えられますが、これらは単独ではなく互いに関連し合っています。そして、先進国に住む人々のライフスタイルも大きく影響しています。

 2007年現在、世界の穀物生産量は年間約20億トン（国連食糧農業機：ＦＡＯ）ですが、穀物消費量を見ると先進国では年間1人当たり約600キログラム、途上国では半分以下の約250キログラムです。この数値は家畜の飼料用を含んでいるため、実際に食べている量はもっと差があります。

たとえば肉類では先進国は途上国の3.5倍、乳製品では5倍消費しているのです。「牛肉1キログラムを得るには、穀物が8〜10キログラム必要」とされているので、先進国の人が肉食を控え、穀物食に切り替えると多くの人命が救われるのです。

実は、救われるのは飢餓で苦しむ途上国の人ばかりでなく、減量と生活習慣病に苦しむ先進国の人々もです。

けっして食料（穀物）が足らないのではありません（気候変動による干ばつなどが頻発するとこの限りではありませんが）。問題は、食料の供給が先進国に偏りすぎ、途上国に公平に分配されていないことにあります。

また途上国では、先進国向けの換金作物を大量に作らざるを得なくなっているため、自給自足ができなくなっているのです。

私たち先進国に住む人間の健康に対する意識と食生活を見直すことが、ライフスタイルの転換をもたらし、世界の食糧危機を緩和することにつながるのです。

### ■食糧問題の打開策

今すぐできることは、食糧不足に陥っている人々に「食糧支援」を行うことです。すでに様々な支援団体があり、世界中で活躍しています。

そして支援以上に大切なことは、「フェアトレード」などを活用し、現地の人々の自立を助けることです。

◆フェアトレード

フェアトレードとは、簡単に言えば「貧しい生活を強いられているコーヒーや紅茶の生産農家の人たちが、ちゃんと生活しながら農業が続けられるように考えて、農作物を適切な値段で買うこと」です。

貧しい農家は、安すぎる単価を補うために作物をたくさん作りたいと考えます。しかし、それには高価な機械や農薬が必要になり、これではいくらお金があっても足りません。だから私たち消費する側が、現地の

人たちが一定の生活ができるように協力する必要があります。

　そのための仕組みが「フェアトレード」です。英語では文字通り、Fair（フェア＝公正な）Trade（トレード＝貿易）。具体的には、「企業が公正な価格で取引をして、生産者にきちんと代金が渡るようにすること、また技術援助（農業の技術を教えたり発展を助けること）したり、環境に配慮して育てられた作物を優先的に購入したりして、長い目で見て農業や取引が続けられるようにする仕組み」です。

　たとえばフェアトレード・コーヒーを買うことで、農家の人たちの生活を少しでも支援することができるし、環境保全にも貢献できるというわけです。
　農家の人も代金を多くもらうだけではなく、それに見合った品質の高い製品を環境を守りながら作る約束をします。そのために、手間をかけて作られた有機栽培の農作物などが、フェアトレード製品に多いのです。

　フェアトレード商品には、コーヒー以外にもチョコレートや紅茶などがあります。
　なお、右の「フェアトレード・ラベル」は、国際フェアトレード基準に合格した商品であることを示しています。

---

**eco検定 ワンポイント・アドバイス**

食糧問題には私たち先進国の生活が大きく関わっていることを自覚し、フェアトレードの意義を理解しておきましょう。

# 3章

## 循環型社会に向けて

1章・2章を通じて、地球上で起こっている問題についてやや詳しく見てきました。これらの問題を解決するために、世界中で「大量生産・大量消費・大量廃棄型社会」（一方通行型社会）から「循環型社会」へ転換させるためのチャレンジが始まっています。
3章では、キーワードの意味を中心にできるだけシンプルに解説していきます。eco検定でもかなり重視されている部分でもありますので、しっかりマスターしてください。

## キーワード 23 サステナブル

「サステナブル（Sustainable）」とは、「持続可能」という意味で使われることが一般的です。この言葉は、1987年に国連「環境と開発に関する世界委員会（通称：ブルントラント委員会）」が発表した『我ら共通の未来（Our Common Future）』という報告書で使われた「サステナブル・ディベロップメント（Sustainable Development：ＳＤ）」に基づいています。

サステナブル・ディベロップメントは「持続可能な開発」と訳されていますが、同報告書は「将来の世代が自らの欲求を充足する能力をそこなうことなく、今日の世代の欲求を満たすような開発をいう」と定義しています。

**eco検定 ワンポイント・アドバイス**

サステナブル・ディベロップメントの意味を理解しておきましょう。

## キーワード24 地球サミット

地球サミットは、正式には「環境と開発に関する国際連合会議」（UNCED）という首脳レベルでの国際会議のことです。1992年、ブラジルのリオ・デ・ジャネイロで国際連合主催で開催されました。開催場所にちなんで「リオ・サミット」とも呼ばれています。

この会議には、国際連合の招集を受けた世界各国や産業団体、市民団体などの非政府組織（NGO）が参加しました。世界172か国の代表が参加し、のべ4万人を越える人々が集う国際連合の史上最大規模の会議となり、世界的に大きな影響を与えました。

■地球サミットで採択された3項目
①環境と開発に関するリオデジャネイロ宣言（リオ宣言）
②森林原則声明
③持続可能な開発のための人類の行動計画・アジェンダ21

◆アジェンダ21
　21世紀に向けて持続可能な開発（SD）を実現するための具体的な行動計画のことです。この実施状況を確認・検証するため、国連に持続可能な開発委員会（CSD）が設置されています。

■地球サミットで署名が開始（署名開放）された2条約
①気候変動枠組条約
②生物多様性条約

◆気候変動枠組条約について
　正式には「気候変動に関する国際連合枠組条約」といいます。大気中

の温室効果ガスの濃度の安定化を究極的な目的とし、地球温暖化（気候変動）がもたらす様々な悪影響を防止するための国際的な枠組みを定めた条約で、1994年3月に発効しています。日本は1992年に署名、1993年に批准しました。

①締約国の共通だが差異のある責任、②開発途上締約国等の国別事情の勘案、③速やかかつ有効な予防措置の実施、などを原則とし、先進締約国に対し温室効果ガス削減のための政策の実施等の義務が課せられています。

■ヨハネスブルグ・サミット

正式には「持続可能な開発に関する世界首脳会議」（WSSD）といい、2002年に南アフリカ共和国のヨハネスブルグで国際連合主催で開催されました。

「地球サミット2002」、「第2回地球サミット」、「リオ＋10」などと呼ばれることもあります。

リオ・サミットで採択された「アジェンダ21」の実施状況を点検し、今後の取り組みを強化することがこの会議の大きな目的で、「持続可能な開発に関するヨハネスブルグ宣言」などが採択されました。

**eco検定 ワンポイント・アドバイス**

　国際連合の主催による環境と開発に関する会議は、1992年「国連人間環境会議」（ストックホルム会議）、1982年の「国連環境計画管理理事会特別会合（ナイロビ会議）」、1992年の「環境と開発に関する国際連合会議（リオ・サミット）、2002年の「持続可能な開発に関する世界首脳会議（ヨハネスブルグ・サミット）」のように、10年ごとに開催されていることに注目しましょう。

　キーワード15のワンポイント・アドバイス（51ページ）の意味が分かるはずです。

　また、地球サミットで「採択された3項目」と「署名が開始」された2条約を区別して覚えておきましょう。

## キーワード 25 京都議定書

「京都議定書（Kyoto Protocol）」とは、気候変動枠組条約の目的を達成するため1997年12月に京都で開催されたＣＯＰ３（第3回締約国会議）で採択された議定書（国家間の合意文書）のことです。

人為的に排出される温室効果ガスのうち、二酸化炭素（$CO_2$）、メタン（$CH_4$）、亜酸化窒素（一酸化二窒素：$N_2O$）、ハイドロフルオロカーボン類（HFC）、パーフルオロカーボン類（PFC）、六フッ化硫黄（$SF_6$）が対象になっています。

当初は先進国に対し、温室効果ガスを1990年比で、2008年〜2012年に一定数値（先進国全体では5.2％削減。たとえば日本6％、米国7％、ＥＵ8％）を削減することを約束させようというものでした。しかし、米国が2001年に離脱したため、発効要件に満たない状況が続いていました。

2004年11月になって、ようやくロシアのプーチン大統領が署名し、2005年2月16日に発効しました。

◆日本が約束したこと

京都議定書で日本が約束したことは、「二酸化炭素を中心とした温室効果ガスの総排出量を、2008から2012年の間に1990年と比べて6％削減する」というものです。

◆ポスト京都議定書

京都議定書で定められた、温室効果ガス削減の第一約束期間（2008〜2012年）以降の気候変動枠組条約における「新たなる目標」の通称（仮称）です。

京都議定書で第一約束期間の終了7年前に検討を開始することが定

められており、温暖化対策の第二約束期間における先進国の行動基準と目標設定、および温室効果ガス削減義務のない途上国の枠組設定などが議論されています。

> **eco検定 ワンポイント・アドバイス**
>
> 　温室効果ガスは、6種類だけでなく水蒸気やＣＦＣ、ＨＣＦＣなどもありますが、水蒸気は「人為的な排出によって増減しない」こと、ＣＦＣとＨＣＦＣは「モントリオール議定書によってすでに規制されていること」から、京都議定書では対象とされていません。
> 「すべての温室効果ガス＝京都議定書で対象とされる温室効果ガスではない」ことに注意してください。
> 　また $N_2O$ は「一酸化二窒素」であり、大気汚染や酸性雨の原因物質である「二酸化窒素（$NO_2$）」ではないことにも注意しましょう。
>
> 　以下のことを再確認しておきましょう。
>
> ①削減基準年‥‥‥1990年
> ②目標達成期間‥‥2008年から2012年
> ③削減目標‥‥‥‥先進国全体で5.2％削減（②の5年間平均）

## キーワード 26 京都メカニズム

「京都メカニズム（Kyoto Mechanism）」は、温室効果ガス削減をより柔軟に行うための経済的メカニズムです。効率改善の余地の多い国で取組を行ったほうが、経済的コストも低くなることから、他国内での削減実施に投資を行うことが認められています。

一般に対象国や活動の種類により、それぞれ「クリーン開発メカニズム」（ＣＤＭ）、「共同実施」（ＪＩ）、排出量取引の３つがあります。

なお「吸収源活動」という、「先進国で植林などの活動により、二酸化炭素を吸収するプロジェクト」も京都メカニズムのひとつとされることもあります。

### ■クリーン開発メカニズム……先進国と開発途上国との共同プロジェクト

ＣＤＭ（Clean Development Mechanism）とも呼ばれ、「他の国で行った温室効果ガスの削減・抑制対策による温室効果ガスの削減量をクレジットとして得て、自国の削減目標に充当できる（自国で削減したと見なす）システム」のことです。

たとえば、日本が発展途上国の二酸化炭素を削減するための技術援助をしたり、森林を育てたりすることも削減数値にカウントできます。

### ■共同実施（Joint Implementation：JI）……先進国同士の共同プロジェクト

温室効果ガスを削減する事業を複数の国（先進国同士）で行うことです。

たとえば、ある国が旧式火力発電所を最新式天然ガス発電所に建て替える際、日本と共同で事業を実施したとします。この事業にかかる資金を日本が多く拠出した場合、この事業で実現した温室効果ガス削減分を日本にその分だけ多く提供するというものです。

資金の少ない国に先進国の進んだ技術を提供できる、というメリットがあ

ります。

### ■排出量取引（Emission Trading：ET）

　温室効果ガスを排出できる量を排出枠とし、排出枠を超えてしてしまった国が、排出枠より排出量を少なくできた国から排出枠を買うことができる、という制度です。

　たとえば、もうすでに目標を達成してしまい、さらに削減ができるというA国と、このままでは目標を達成できそうにないB国があるとします。

　このときにA国は目標より削減しているので、その分をB国に売ることができるというものです。

　うまく機能すると、温室効果ガス削減が困難な国は少ないコストで削減が可能となり、削減が進んでいる国はより多くの利益を求めて大幅な削減が望めることになります。

　しかし、省エネなどの対策が遅れている国ほど有利になったり、「足らなければ排出枠を買えばいい」と安易な行動に走る国が出てくる可能性があるなど、問題点もあります。いかに公平で現実性のある制度にするかが今後の課題です。

---

**eco検定 ワンポイント・アドバイス**

　クリーン開発メカニズムは「先進国と開発途上国」との共同プロジェクトであり、途上国で削減された量が移転され、先進国全体の総排出枠が増えます。

　一方、共同実施は「先進国同士」の共同プロジェクトであり、先進国全体の総排出枠は変わりません。

## キーワード27 循環型社会

平成12年に施行された「循環型社会形成推進基本法」では、循環型社会とは「廃棄物等の発生抑制、循環資源の循環的利用および適正な処分が確保されることによって、天然資源の消費を抑制し、環境への負荷ができる限り低減される社会」と定義されています。

簡単にいえば、「自然資源の過剰利用という現在の状況が修正され、効率的な資源利用や適正な資源管理が可能となることにより、少ない資源でより多くの満足が得られる環境への負荷の少ない社会（平成12年版『環境白書』）」のことです。

このような社会を実現するためには、「発生したゴミ・廃棄物をどう処理するか」という発想ではなく、「ゴミ・廃棄物を発生させない」という大原則に立ち戻らなければなりません。

### ■低炭素社会

低炭素社会とは「低炭素排出で安定した気候のもとでの豊かで持続可能な社会」を意味します。英国は、「低炭素経済」といいますが、日本では、より広く社会全体の変革を必要とするとの観点から「低炭素社会」と呼んでいます。

◆低炭素社会の必要性

気候変動を安定化させるためには、世界の温室効果ガス排出量を2050年までに現在の50％以下にする必要があります。とくに、一人あたり排出量の大きい先進国は大幅な削減が求められ、欧州連合（EU）が2050年までに二酸化炭素を1990年比で60〜80％削減する自主目標を掲げています。

◆低炭素社会は可能？

　環境省を中心とする産官学の共同チーム「低炭素社会の実現に向けた脱温暖化2050プロジェクト」は、「日本が国内総生産（GDP）1％相当の資金を地球温暖化対策技術に充当し続ければ、二酸化炭素排出量は50年までに1990年比で70％削減可能」と発表しています。

　また2009年9月に世界90カ国以上の指導者が出席した国連気候変動首脳会合で、日本政府は温室効果ガス削減の中期目標について、主要国の参加による「意欲的な目標の合意」を前提に「1990年比で2020年までに25％削減を目指す」と表明しました。

　次に、低炭素社会の実現に役立つ用語をいくつか挙げておきましょう。

◆カーボン・ニュートラル

　何かを生産したり一連の人為的活動を行った際に、「排出される二酸化炭素と吸収される二酸化炭素が同じ量である」という概念を意味します。

　たとえば、植物の成長過程における光合成による二酸化炭素の吸収量と、植物の焼却による二酸化炭素の排出量が相殺され、実際に大気中の二酸化炭素の増減に影響を与えないことが考えられます。

◆カーボン・オフセット

　人間の経済活動や生活などを通して、「ある場所で排出された二酸化炭素などの温室効果ガスを別の手段で吸収する」という発想です。

　ここで「まず最初に排出量を最小限にするよう削減努力を行う」ことが大切です。その上で、「それでも発生させてしまった二酸化炭素の量を別の方法で相殺し、二酸化炭素の排出を実質ゼロに近づける」ことが求められます。

　たとえば植林・森林保護・クリーンエネルギー事業などがあります。

◆カーボン・ポジティブ

　人間が何らかの一連の活動を通して温室効果ガス（とくに二酸化炭素）を削減した際、排出される量より多く吸収することを意味します。

　バイオ燃料などは、排出量と吸収量が同じカーボン・ニュートラルを達成することが可能ですが、カーボン・ポジティブにすることは困難です。カーボン・ポジティブは、植林などの新たな吸収源を生み出す活動で達成することが必要です。

■リ・スタイル（Re-Style）

　リデュース（Reduce）、リユース（Reuse）、リサイクル（Recycle）の3つのリ（Re）を推進する、循環型社会におけるライフスタイルとビジネススタイルのことをいいます。平成14年版循環型社会白書で提唱されました。

　同白書では、ライフスタイルとしては、「スロー」という言葉をキーワー

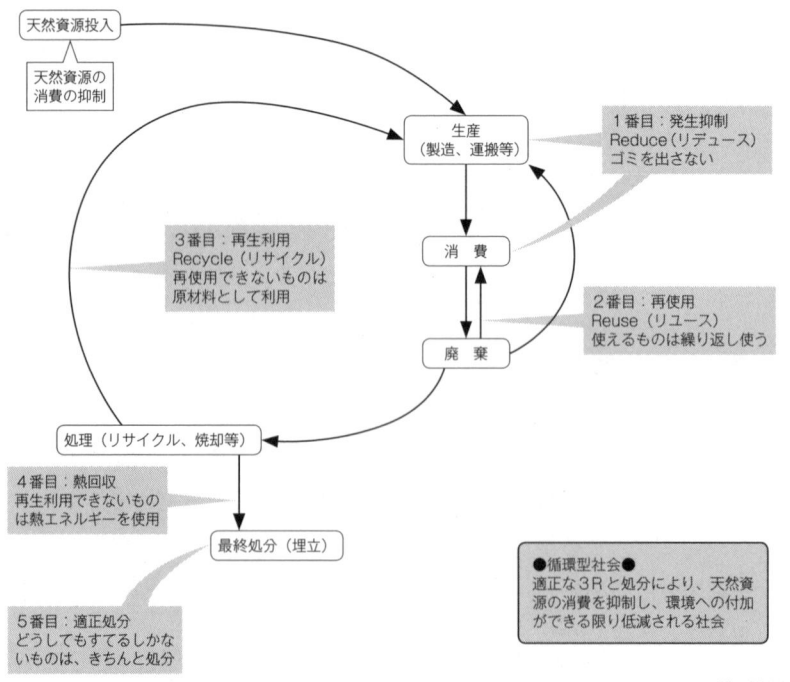

```
天然資源投入
　│
天然資源の
消費の抑制
　│
　↓
生産（製造、運搬等） ← 1番目：発生抑制 Reduce（リデュース）ゴミを出さない
　↓
消費
　↓↑  2番目：再使用 Reuse（リユース）使えるものは繰り返し使う
廃棄
　↓
処理（リサイクル、焼却等） ← 3番目：再生利用 Recycle（リサイクル）再使用できないものは原材料として利用
　↓
最終処分（埋立） ← 4番目：熱回収 再生利用できないものは熱エネルギーを使用
　　　　　　　　　 5番目：適正処分 どうしてもすてるしかないものは、きちんと処分
```

●循環型社会●
適正な3Rと処分により、天然資源の消費を抑制し、環境への付加ができる限り低減される社会

出典：環境省資料

114

ドに、リサイクルショップ・フリーマーケット・グリーン購入など、「ものを大切にし、生活を楽しむ」暮らしを紹介しています。

またビジネススタイルとしては、従来の装置や製品といったハードウエア「もの」を提供するのではなく、企業向けの蛍光管リースや学生・単身赴任者向けの家電リースなど「機能」を提供するビジネスへと変化しつつあることを紹介しています（サービサイジング：150 ページ）。

### ■環境基本法

1967 年（昭和 42 年）に制定された公害対策基本法では対応に限界があるとの認識から、地球的視野に立った環境政策の新たな枠組を示す基本的な法律として 1993 年に制定されました。

◆基本理念
①環境の恵沢の享受と継承
②環境への負荷の少ない持続的発展が可能な社会の構築
③国際的協調による地球環境保全の積極的推進

これらの基本理念にのっとり、国、地方公共団体、事業者、国民の責務を明らかにし、環境保全に関する施策（環境基本計画、環境基準、公害防止計画、経済的措置など）が順次規定されています。

なお、6 月 5 日を環境の日とすることも定められています。

◆循環型社会形成推進基本法（循環型社会基本法）
2000 年 5 月に成立した法律です。基本法は使用済み製品や廃棄物などを循環資源と位置づけ、処理の優先順位を①発生抑制（リデュース）、②再使用（リユース）、③再生利用（リサイクル）、④熱回収、⑤適正処分、と明確化しています（114 ページ図）。

事業者も廃棄物を抑制し、ごみになりにくい製品づくりの責任を負うほか、リサイクル推進のために必要な場合、使用済み製品を引き取り、

リサイクルや廃棄処分を行う義務があるとしています。

　基本法の下に位置する個別法では、1997年に施行された「容器包装リサイクル法」の対象者と対象物が拡大（強化）され、2001年度には「特定家庭用機器再商品化法（家電リサイクル法）」が施行されました。
　また、一定規模以上の解体・建設工事をする業者に、建設廃材の分別解体と再資源化・減量化、さらに再資源化した資材の利用までを義務づける「建設工事の特定資材再資源化法（建設リサイクル法）」と、出した食品ゴミのうち一定割合以上を肥料や家畜飼料にするよう義務づける「食品廃棄物再商品化法（食品リサイクル法）」も導入もされました。
　さらに、環境に配慮したリサイクル製品などの購入を国や自治体などが率先して促進するための「グリーン購入法」も成立しました。

　また同法は、事業者及び国民の「排出者責任」を明らかにするとともに、「拡大生産者責任」を明確に位置付けた点が大きな特徴です。

◆排出者責任
　排出者責任とは、廃棄物等を排出する者が、その適正なリサイクルや処理に関する責任を負うべきであるとの考え方であり、廃棄物・リサイクル対策の基本的な原則の一つです。具体的には、廃棄物を排出する際に分別すること、事業者がその廃棄物のリサイクルや処理を自ら行うことなどが挙げられます。

◆拡大生産者責任（ＥＰＲ：Extended Producer Responsibility）
　生産者が、製品のライフサイクルつまり、その生産した製品が使用され、「廃棄された後においても」、その製品の適正なリサイクルや処分について一定の責任を負うという考え方のことです。
　具体的には、「事業者は廃棄物の発生を抑制し、ゴミになりにくい製品づくりの責任を負うほか、リサイクル推進のために必要な場合は使用

済み製品を引き取り、リサイクルや廃棄処分を行う義務がある」ということです。

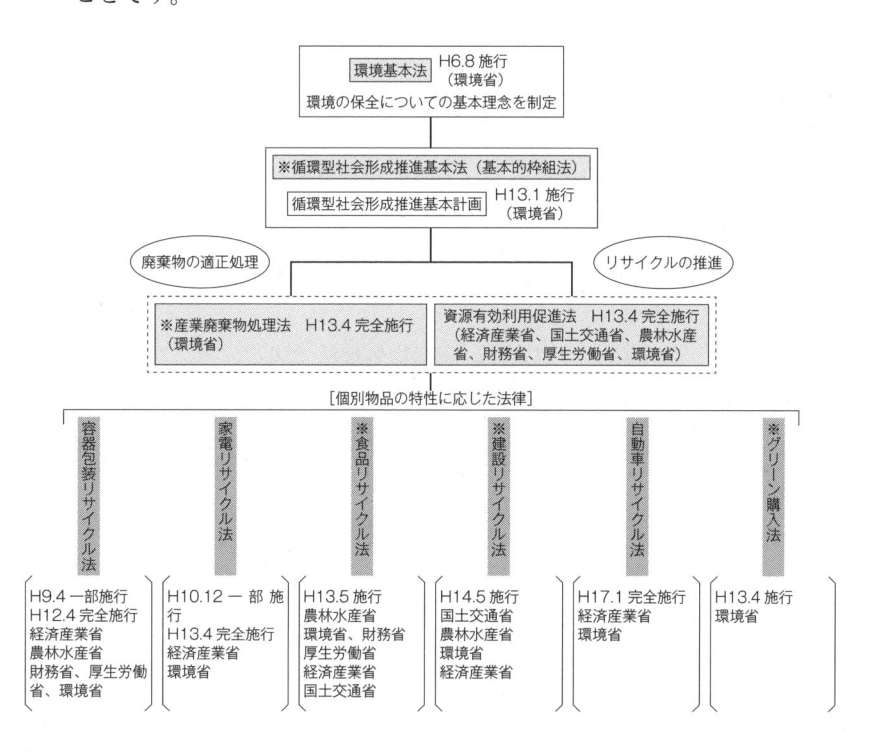

```
                    ┌─────────────┐  H6.8 施行
                    │  環境基本法  │  （環境省）
                    └─────────────┘
                環境の保全についての基本理念を制定
                           │
          ┌────────────────────────────────────┐
          │ ※循環型社会形成推進基本法（基本的枠組法）│
          │  循環型社会形成推進基本計画          │ H13.1 施行
          └────────────────────────────────────┘ （環境省）
               │                            │
         廃棄物の適正処理              リサイクルの推進
               │                            │
    ┌──────────────────┐   ┌──────────────────────────┐
    │※産業廃棄物処理法 │   │資源有効利用促進法 H13.4 完全施行│
    │  H13.4 完全施行  │   │（経済産業省、国土交通省、農林水産│
    │  （環境省）       │   │ 省、財務省、厚生労働省、環境省）│
    └──────────────────┘   └──────────────────────────┘
                    ［個別物品の特性に応じた法律］
```

| 容器包装リサイクル法 | 家電リサイクル法 | ※食品リサイクル法 | 建設リサイクル法 | 自動車リサイクル法 | ※グリーン購入法 |
|---|---|---|---|---|---|
| H9.4 一部施行 H12.4 完全施行 経済産業省 農林水産省 財務省、厚生労働省、環境省 | H10.12 一部施行 H13.4 完全施行 経済産業省 環境省 | H13.5 施行 農林水産省 環境省、財務省 厚生労働省 経済産業省 国土交通省 | H14.5 施行 国土交通省 農林水産省 環境省 経済産業省 | H17.1 完全施行 経済産業省 環境省 | H13.4 施行 環境省 |

---

**eco検定 ワンポイント・アドバイス**

とくに「循環型社会」「低炭素社会」「カーボン・ニュートラル」「排出者責任」「拡大生産者責任」についてよく理解しておいてください。

また循環型社会形成推進基本法における「処理の優先順位」をしっかり記憶しておきましょう。

## キーワード28 廃棄物

循環型社会形成推進基本法では、法の対象物として、有価・無価を問わず「廃棄物」として一体的にとらえ、製品等が廃棄物等となることの抑制を図るべきことと、発生した廃棄物等についてはその有用性に着目して「循環資源」としてとらえ直し、その循環的な利用（再使用、再生利用、熱回収）を図るべきことを規定しています。

この場合、「廃棄物」の定義は、廃棄物処理法で規定する「自ら利用したり他人に有償で譲り渡すことができないために不要になったもので、ゴミ、粗大ゴミ、燃えがら、汚泥、ふん尿などの汚物または不要物で、固形状または液状のもの」ということになります。

循環型社会形成推進基本法では、この廃棄物に「使用済み物品等又は副産物（廃棄物を除く）」を加えたものを「廃棄物等」と表しています。

さらに循環資源を「廃棄物等のうち有用なもの」、またここでの「有用」の意味を「経済性の如何に関わらず再使用、再生利用及び熱回収が可能な状態」としています。

かなりややこしいので、大切なポイントを列挙してみましょう。

①有用な価値を持っていようと、まったく無価値であろうと、使用者が不要と判断した物はすべて廃棄物である。ただし、廃棄物は固形状か液状に限る。気体（ガス）は廃棄物ではない。

②有用とは、経済的に成り立つか成り立たないかに関係なく、再使用（リユース）、再生利用（再資源化：狭義のリサイクル）、熱回収が可能な状態を意味する。

④廃棄物は、不要になった「ゴミ＋粗大ゴミ＋燃えがら＋汚泥＋ふん尿など」であり、自ら使用できたり、他人に有償で譲り渡せるものは廃棄物とは言わない。これは、「ゴミイコール廃棄物ではない」ことを意味する。

■廃棄物処理法

正式には「廃棄物の処理及び清掃に関する法律」といい、「廃掃法」と略称されることもあります。1970年に、従来の「清掃法」を全面的に改めて制定されました。

廃棄物の排出抑制と適正な処理、生活環境の清潔保持により、生活環境の保全と公衆衛生の向上を図ることを目的とし、廃棄物の定義や処理責任の所在、処理方法・処理施設・処理業の基準などを定めています。

◆産業廃棄物

産業廃棄物は、事業活動から生ずる廃棄物であって、法令で指定された20種類をいいます。

産業廃棄物は排出事業者に処理責任があります。市町村等の一般廃棄物用の処理施設での処理・処分することはできません。廃棄にあたっては、産業廃棄物を処理・処分できる許可を受けた産業廃棄物処理事業者へ処理・処分委託することとなっています。

事業者が産業廃棄物を排出する場合は、自ら「マニフェスト」(産業廃棄物管理表)を都道府県等から許可を受けた産業廃棄物処理業者に交付し、確実に最終処分されることを確認する必要があります。

平成19年度のにおける全国の産業廃棄物排出量は、約4億1900万トンで前年度と比べて100万トン(0.2％)増加しました。

◆一般廃棄物

廃棄物処理法で「産業廃棄物以外の廃棄物」と定義されています。

その多くが家庭から排出されるごみ「家庭系一般廃棄物(家庭ゴミ)」ですが、事業所から排出される産業廃棄物以外の廃棄物にあたる

「事業系一般廃棄物（オフィスゴミ）」や「し尿」も含まれています。

原則として、収集・運搬および処分は市町村に処理責任があり、市町村自らが行うことになっています

平成19年度における全国の一般廃棄物排出量は、5082万トンで前年度と比べて122万トン（2.3％）減少しました。

---

**eco検定 ワンポイント・アドバイス**

産業廃棄物は法令で定められた「20種類」をいい、それ以外は一般廃棄物と呼ぶことを覚えておきましょう。

また年間の廃棄物量に関して、一般廃棄物は約5000万トン・産業廃棄物は約4億トンと覚えておけばよいでしょう。産業廃棄物は19年度は前年度比でわずかに増えましたが、傾向としては一般廃棄物と同様に少しずつ減少していると考えてよいでしょう。

## キーワード 29 リサイクル

　専門用語としての「リサイクル」とは、いちど使用された製品や、製造に伴って生じた副産物を、回収して原料の状態に戻して（再資源化して）再び用いることを意味し、再生利用といわれています。

　循環型社会形成推進基本法では、リサイクル（再生利用）とは「循環資源の全部または一部を原材料として利用すること」としています。

　リサイクルには、①素材としての再利用（マテリアルリサイクル）と、②熱としての再利用（サーマルリサイクル）があります。

### ■3つの「リサイクル」

　専門的に、また法律上で「リサイクル」というと「再生利用」のことを意味するのですが、世間一般にはもっと広い意味で使うことが多くなってきました。

　たとえば日本では、「リサイクル」と言う言葉を聞いた場合、大きく分けて次の3通りのイメージをする人があるようです。

①再資源化（再生利用）
　これは先に挙げた専門的、法律に則ったイメージです。

②3R（減量・再利用・再生利用）
　3Rとは、3つのRすなわちReduce（リデュース：減量する）、Reuse（リユース：再使用する）、Recycle（リサイクル：再資源化）のことをいいます。
　日本では、このイメージが浮かぶ人がかなり多いようです。

③4R（断る、元を絶つ）
　4Rとは、②の3Rに先だってRefuse（リフューズ：断る）することが

大切だ」という考え方です。

これは出てきたごみをどう処理するかではなく、「ごみが出ないようにするには発生源を絶たなければならない」という発想です。

4Rは、最近ヨーロッパでは当たり前になってきていますし、日本でもグリーンコンシューマー（環境を配慮する消費者）を中心に増えつつある考え方です。

ここで重要なことは、「同じ言葉を使っていても、同じイメージを描いているとは限らない」ということです。

再生利用をリサイクルと考えている人は、リサイクルするほど資源とエネルギーを多く消費するので、「リサイクルしてはいけない」と主張するでしょう。

一方、3R・4Rをリサイクルと捉えている人は「リサイクルすべき」という立場で意見を言うはずです。

この両者がリサイクルについて議論し合っても結論が出ないどころか、けんかになってしまうかも知れません。

前者を主張する人は専門家や技術者に多く、「3Rや4Rはごみ減量原則であって、リサイクルとは言えない」という人もいます。しかし、「リサイクルショップで服を買う」場合はどうでしょう。このリサイクルはリユース（再利用）であり、3Rですね。

もし議論がかみ合わないと感じた場合は、相手を論破することに必死になるのではなく、「ひょっとしたら同じ言葉でも違うイメージで使っているかも知れない」と考え、イメージの確認を取り合ってください。

環境関連のみならず噛み合わない議論は、この種の理由が多いものです。ecoピープルは環境に詳しいだけでなく、コミュニケーション能力も高める努力が必要です。

> **eco検定 ワンポイント・アドバイス**
>
> 　ここではリサイクルという意味が広がりつつあることを解説しましたが、eco検定では「リサイクル＝再生利用」と考えていいと思います。
> 　サーマル・リサイクルも正確には「サーマル・リカバリー」といいますが、通常はどちらを使ってもいいでしょう。
> 　また３Rについて、きちんと理解しておきましょう。

## キーワード 30 エコロジカル・フットプリント

エコロジカル・フットプリントは、人間の生活がどれほど自然環境に依存しているかを分かりやすく示すために、ブリティッシュ・コロンビア大学で開発された指標です。

グローバル・フットプリント・ネットワークでは、エコロジカル・フットプリントを「人類の地球に対する需要を、資源の供給と廃棄物の吸収に必要な生物学的生産性のある陸地・海洋の面積で表したもの」として、世界のエコロジカル・フットプリントを計算しています。

エコロジカル・フットプリントの算定には、農作物の生産に必要な耕作地、畜産物などの生産に必要な牧草地、水産物を生み出す水域、木材の生産に必要な森林、二酸化炭素を吸収するのに必要な森林などが含まれます。

WWFの「Living Planet Report 2006（邦訳：生きている地球レポート2006）」によれば、2003年時点の世界のエコロジカル・フットプリント（需要）は、地球の生物生産力（供給）を約25％超過しているとされます。

需要が供給を超える状態が続けば、いずれ、地球の生物学的資源は欠乏してしまうことになります。とくにアメリカやEU諸国、日本を始めとする多くの先進各国のエコロジカル・フットプリントは、その生物生産力を超過しています（エコロジカル・フットプリントのかなりの部分は化石燃料の使用による二酸化炭素の排出が占めています）。

2003年の日本のエコロジカル・フットプリント（1人当たり）は、世界平均の生物生産力（1人当たり）の2.5倍、EU加盟国（2006年時点加盟国）は2.7倍、アメリカに至っては5.4倍に達します。

これは、世界中の人が日本、EU、アメリカの国民と同様の生活をすると、地球がそれぞれ2.5個、2.7個、5.4個必要となることを示します。

具体的には、「あるエリアの経済活動の規模を土地や海洋の表面積（ha：

ヘクタール）に換算して表します。ここで「表面積」とは、食糧のための農牧地・海、木材・紙供給や二酸化炭素吸収のための森林などが該当し、エリア外からの輸入物の生産に要する面積も含みます。

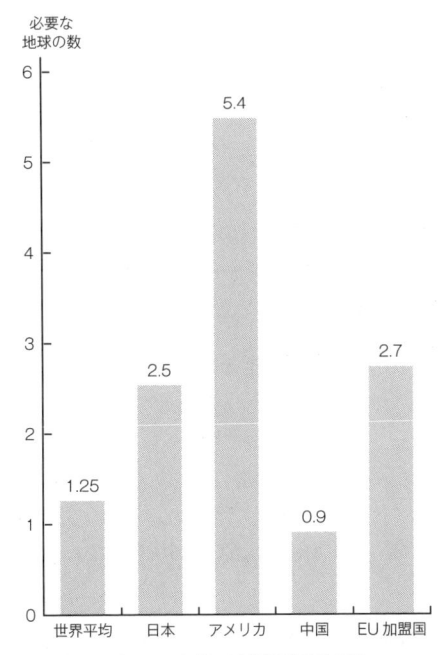

必要な
地球の数

- 世界平均: 1.25
- 日本: 2.5
- アメリカ: 5.4
- 中国: 0.9
- EU加盟国: 2.7

注：各国のエコロジカル・フットプリントを地球の個数で示したもの
資料：WWF「Living Planet Report 2006」より環境省作成
引用：平成19年度版 環境白書

**eco検定 ワンポイント・アドバイス**

　エコロジカル・フットプリントの値については、研究者や書籍によって異なる場合があります。しかしあまり細部にこだわらないで、大意をよく理解しておいてください。

## キーワード31 エコロジカル・リュックサック

　エコ・リュックサックとも呼ばれています。ある製品や素材に関して、その生産のために移動した物質量を重さで表した指標です。製品（サービス）が、環境負荷というリュックサックを背負っているというイメージです。

　たとえば1トンの銅を得るためには鉱石、土砂などの自然資源500トンを移動する必要があり、この場合のエコ・リュックサック値は500と表されます。同じ重量の商品でも、その材質（木製か銅製かなど）によって、物質の移動量にどの程度の差があるかが比較可能となります。1kgの素材を得るために、掘削・精錬・加工といったプロセスで動かす自然界の資源量は、次のようになります。

　石油（0.1kg）、ゴム（5kg）、石炭（6kg）、鋼鉄（21kg）、アルミニウム（85kg）、再生アルミニウム（3.5kg）、銅（420kg）、銀（7500kg）、金（540000kg）、ダイヤモンド（53000000kg）。

### ■隠れたフロー

　資源採取等に伴い、直接使用する資源以外に付随的に採取・掘削されるか廃棄物として排出される物質のことで、統計には現れず見えにくいことから、「隠れたフロー」と呼ばれています。たとえば金属資源の採掘に伴い掘削される表土・岩石等がこれに当たります。日本においては、資源採取量（国内＋国外）の2倍程度の隠れたフローが生じていると推計されています。

#### eco検定 ワンポイント・アドバイス

　エコロジカル・リュックサックと隠れたフローは、ほとんど同じ主旨のアプローチと考えていいでしょう。

## キーワード 32 資源生産性

資源生産性は、その国の産業や国民が資源を有効に利用しているかを表す指標です。国内総生産（ＧＤＰ、金額ベース）を、生産に使用された国産・輸入天然資源と輸入製品の総量（重量ベース）で割ったもので、より少ない資源でより多くの生産ができれば値は上がります。

環境省は、「資源生産性を 2010 年までに 1 トンあたり 35.8 万円」とするという目標数値を示しています。ちなみに 2000 年時点で、日本の資源生産性は 25.5 万円でした。

目標実現のために、「化石燃料の使用を抑える森林資源の活用」、「物の購入や所有よりも余暇を楽しむ生活の推奨」、「拡大生産者責任の導入」などを目指す方針です。

環境省は、①各国が同じ指標で計画をたてることが地球全体の省資源を促進すること、②地球規模で取引されている天然資源の有効利用にはとくに先進諸国が協調することが必要であるとし、「資源生産性」を先進諸国共通の指標としたい考えです。

### ■ファクター X（4、10）

最近、環境経営（144 ページ）の話題の中で「ファクター 4」とか「ファクター 10」という用語が頻繁に出てくるようになりました。ここで使われている「ファクター」は倍率を表しています。

たとえば「ファクター X（エックス）」は、「資源生産性を X 倍にする」とか「環境負荷を X 分の 1 にする」という意味です。この X を何にするかについては多くの見解がありますが、「ファクター 4」と「ファクター 10」が代表的なものです。

◆ファクター4

　1995年、ローマクラブに対して行われた「豊かさを2倍に、環境負荷を半分に」することを目指す報告の中で使われました。技術的には資源生産性を現在の4倍にすることが可能であり、個人や企業、社会を豊かにすることができることを示したものです。

　ここでいう資源生産性とは、「製品性能を資源やエネルギー等の物質集約度で割ったもの」で、キーワード32の初めに出てきた定義（ＧＤＰ÷国内の総物質需要量）とは異なりますが目指す目的は同じです。

　ファクター4は、製品性能を2倍にして物質集約度を2分の1にすることで達成されます。これによって、「資源消費量を現在の半分に抑えながら、世界中の人たちの平均的な生活水準を現在の2倍に引き上げることができる」としています。

◆ファクター10

　ドイツのヴッパータール研究所が1991年に提起した目標です。同研究所のシュミット＝ブレーク氏は、世界の人口増加を考えるとファクター4では不十分であり、ＯＥＣＤ諸国ではファクター10が必要と主張しています。

　持続可能な経済社会を実現するためには、今後50年のうちに資源利用を現在の半分にする必要があり、地球の全人口の20％を占める先進国がその大部分を消費していることから、先進国において資源生産性（資源投入量当たり財、サービス生産量）を10倍に向上させる必要性を強調しています。

> **eco検定 ワンポイント・アドバイス**
>
> 資源生産性は、「より少ない資源でより多くの生産ができれば値は上がる」ので、数字が大きいほど資源を有効活用していることになります。またファクター4、10の必要な理由を理解しておきましょう。

## キーワード33 グリーンGDP

GDP（国内総生産）は環境に対する影響が考慮されていないために、「持続可能な社会における指標としてはふさわしくない」という意見があります。

そこで提案されているのが「グリーンGDP」という指標です。グリーンGDPは、従来のGDPから環境破壊による経済的損失（外部不経済）を差し引いて算出するもので、より現実の姿に近いとされています。国連が1993年に打ち出した「環境・経済統合勘定」に基づき各国で検討されています。

### ■真の進歩指標（GPI）

真の進歩指数（Genuine Progress Indicator＝GPI）は、ナチュラル・キャピタリズム（自然資本主義）に基づいた経済の指標として、アメリカのリデファイニング・プログレス研究所が1990年代半ばに提唱したものです。

GPIは、「企業の経済活動にインセンティブを与え、再生可能な資源をどれくらい使っているかなど持続可能性を測るモノサシとして役立つ」とされています。

ちなみに、GDPは「GDP＝個人消費＋民間投資＋政府の支出－輸出」で計算されますが、GPIは以下のように計算されます。

GPI＝個人消費÷所得の不平等の調整（Incomedistributionindex）
　＋子育てや家事の価値
　＋ボランティア活動（たとえば、お年寄りのお世話などの福祉活動）
　＋耐久消費財のサービス
　＋政府の支出の一部（高速道路、道路の建設）
　＋純設備投資

－社会的コスト（犯罪、事故、家庭の崩壊、通勤時間、雇用・余暇時間の喪失）
－環境コスト（農耕地、湿地などの喪失、公害、汚染など）
－世代間のコスト（オゾン層の破壊、森林の喪失など長期的な環境破壊、再生不可能な資源の枯渇、外国からの借入、耐久消費財のコスト）

この他にもブータン王国の掲げている国民総幸福（グロス・ナショナル・ハピネス：GNH）があります。これもGNP（GDP）という経済拡大至上主義から、国民の幸福を最大限に導く方向に政策転換を図ろうというものです。

> **eco検定 ワンポイント・アドバイス**
>
> 　グリーンGDPとGDPの違い（環境破壊の影響を考慮に入れているかどうか）を知っておきましょう。
> 　またGPIについて細かな計算方法は覚える必要はありませんが、GNHとともに言葉の意味を問う選択問題として出題される可能性があります。

## キーワード 34 新エネルギー

「新エネルギー利用等の促進に関する特別措置法」で「新エネルギー利用等」として規定されており、「技術的に実用化段階に達しつつあるが、経済性の面での制約から普及が十分でないもので、石油代替エネルギーの導入を図るために特に必要なもの」と定義されています。

具体的には、太陽光発電、風力発電などの自然エネルギーや廃棄物による発電、熱利用や燃料電池などが該当します。

日本の国産エネルギーは、必要なエネルギーの約4％にすぎません。

石油依存度は1973年は77.7％だったのが、2005年には48.9％となり、エネルギー源の多様化が進んでいます。資源エネルギー庁は、日本の一次エネルギー供給に占める新エネルギーの割合を2003年度の2.57％から2010年度には3％程度まで向上させることを目標にしています。

### ■固定価格買い取り制度

再生可能エネルギー（新エネルギーなど）の普及を目的に、太陽光発電による電力などを一定期間高額の固定価格で買い取る制度のことをいいます。「フィードインタリフ制度（feed-in tariff law）」と呼ばれ、ＦＩＴと略記されます。

設備導入時に一定期間の助成水準が法的に保証されるほか、生産コストの変化や技術の発達段階に応じて助成水準を柔軟に調節できるという特徴があります。適切に運用することで費用当たりの普及促進効果が最も高くなり、再生可能エネルギーの普及を促進する方法の中で最も有効な手法とされています。

透明性が高く効果にも優れることから、ドイツ・スペイン・イタリア・ギリシャなど世界40以上の国や地域で広く用いられています。

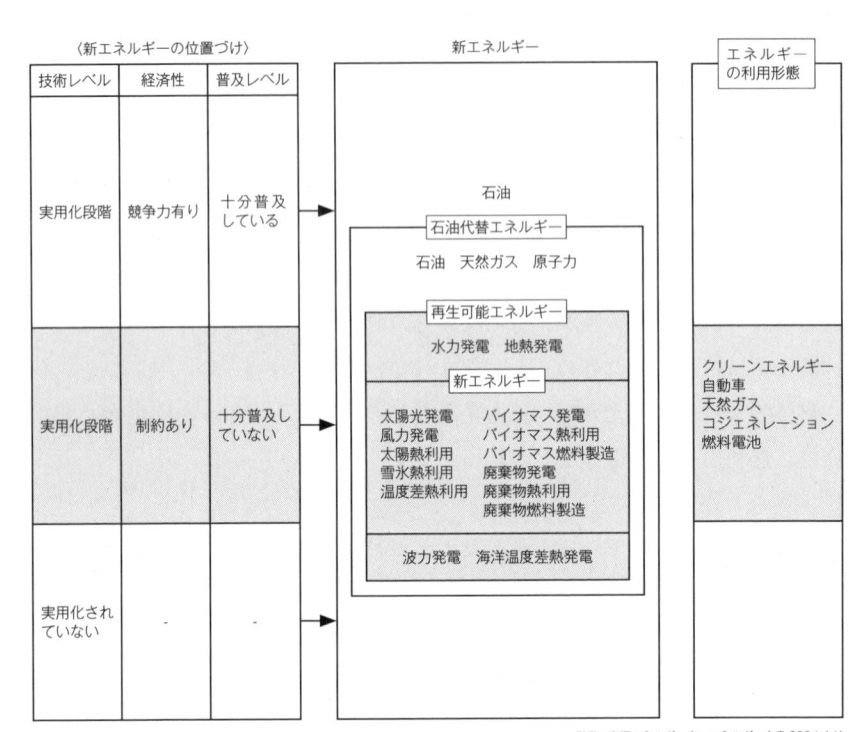

| 〈新エネルギーの位置づけ〉 | | | 新エネルギー | エネルギーの利用形態 |
|---|---|---|---|---|
| 技術レベル | 経済性 | 普及レベル | | |
| 実用化段階 | 競争力有り | 十分普及している | 石油<br>石油代替エネルギー<br>石油　天然ガス　原子力<br>再生可能エネルギー<br>水力発電　地熱発電 | クリーンエネルギー自動車<br>天然ガス<br>コジェネレーション<br>燃料電池 |
| 実用化段階 | 制約あり | 十分普及していない | 新エネルギー<br>太陽光発電　　バイオマス発電<br>風力発電　　　バイオマス熱利用<br>太陽熱利用　　バイオマス燃料製造<br>雪氷熱利用　　廃棄物発電<br>温度差熱利用　廃棄物熱利用<br>　　　　　　　廃棄物燃料製造 | |
| 実用化されていない | - | - | 波力発電　海洋温度差熱発電 | |

引用：資源エネルギー庁　エネルギー白書2004 より

---

**eco検定 ワンポイント・アドバイス**

新エネルギーの種類を知っておきましょう。
また固定価格買い取り制度の意味と特徴を理解しておきましょう。

## キーワード35 バックキャスティング

バックキャスティングとは、「最終的な到達目標である持続可能な社会が満たすべき原則をまず明確に定義し、環境対策を考える時に常にその対策の妥当性・方向性を検証するコンパスを持ちながら進んでいく方法」です。

スウェーデンの環境ＮＧＯ「ナチュラル・ステップ」が提唱しています。

簡単に言えば、「将来から現在を見る」ということです。ちなみに、現在から将来を予想することを「フォアキャスティング」といいます。

たとえば、エベレストに登頂したビジョンをはっきり描き、その時点から現在を見て、今何をするかを決めるのが「バックキャスティング」で、毎日計画を立てて訓練すれば、いつの日かエベレストに登れるだろうというのが「フォアキャスティング」と言えると思います。

地球環境はもはや待ったなしの状況であり、「フォアキャスティング」で試行錯誤を繰り返している余裕はありません。「持続可能な社会」（サステナブル社会）を実現させるためには、「バックキャスティング」でビジョンを明確にして、最短コースをたどるべきでしょう。

### eco検定 ワンポイント・アドバイス

バックキャスティングという用語の意味を深く理解するために、実際にeco検定の受検に活用しましょう。検定に合格している自分のビジョンをはっきり描き、その時点から現在を見て、検定1日前、1週間前、1ヶ月前……そして今何をすべきかを決めてください。

## キーワード 36 エコライフ

　文字通り、地球環境にやさしいエコな暮らしを心がけるライフスタイルのこと。一人ひとりの生活が環境や自らに影響を及ぼしている現状を認識し、少しずつでも環境改善に結びつくために行動しようとする、あるいは行動している生活スタイルのことです。

　たとえば、①電気・水などのムダをなくす、家庭電化製品の待機電力をカットする、②可能な限り公共交通機関を利用する、できるだけマイカーの使用をひかえる、自転車や徒歩を心がける、③省エネ・省資源・リサイクル性など環境に配慮した商品を優先的に購入する、④廃棄物に対する関心を高める、ゴミの分別廃棄を徹底する、ゴミを出さない生活を心がける、などがあります。

---

**eco検定 ワンポイント・アドバイス**

エコライフの具体的な方法を日頃から意識して試してみましょう。

## キーワード37 ロハス（LOHAS）

ロハス（LOHAS）は、「Lifestyles of Health and Sustainability」の頭文字をつなげた略語です。

ライフスタイル・オブ・ヘルス・アンド・サステナビリティ。つまり、「健康と持続可能な社会を心がける生活スタイル」のことで、ロハスまたはローハスと言われています。

この新しい意識・価値感を持つ人々は「カルチャラル・クリエイティブス」と呼ばれ、エコロジーや地球環境、人間関係、平和、社会正義、自己実現や自己表現に深い関心を寄せたライフスタイルを実践しています。

これまでのような大量生産・大量消費・大量廃棄を続けていては資源の枯渇や環境破壊が進み、地球としてだけでなく経済や社会の持続性が維持できない、と考える人が増えてきています。

とは言っても、「昔に戻るのはイヤ」「貧乏くさいのはイヤ」「我慢するのはイヤ」「過激な環境運動はイヤ」という本音も満たしながら、「オシャレで格好良くロハス的な生き方をしよう」と考え、実践する人たちが世界中で拡大してきています。米国ではこのような人たちが全人口の30％を超えているとされています。EU諸国でも約35％がロハス層を形成していると言われています。

市場規模としては調査機関によって差異がありますが、米国のナチュラル・マーケティング・インスティチュート（NMI）は、「米国の2005年のロハス市場が2090億ドル（1ドル100円として約21兆円）となった」と発表しています。

内訳としては、パーソナルヘルス（有機食品、サプリメント、代替医療、ヨガ、メディアなどを含む）が1180億ドル、エコツーリズムが242億ドル、

代替エネルギーが4億ドル、ハイブリッド車・バイオディーゼル車・カーシェアリングなどが61億ドル、グリーン建築が479億ドル、ナチュラル・ライフスタイルが106億ドルとなっています。

もともとエコロジーや「もったいない」という発想を持つ日本は、ロハス的な考えを受け入れやすい土壌です。いまや国内でのロハス市場は10兆円を超え、10年後には20兆円になるという予測もあります。

ただ欧米の物まねではなく、日本の伝統とオリジナルを加味して進化させ、世界に発信する必要があるでしょう。

---

**eco検定 ワンポイント・アドバイス**

ロハスやカルチャラル・クリエイティブスという用語の意味を理解しておきましょう。

## キーワード38 食料自給率

　一般に、食料は「食べ物全般」、食糧は「米・麦などの主食物」を意味しますが、現実にはあまり厳密には区別されていないようです。ここでは「食べ物全体の自給率」という意味で「食料自給率」を使用します。

　食料自給率とは、国内で消費される食料のうち、どの程度が国内産でまかなわれているかを表す指標です。

　通常用いられているのは、カロリーベースの食料自給率です。これは、食料が生命と健康の維持に欠くことのできない最も基礎的で重要な物資であることから、その基礎的な栄養価であるエネルギー（カロリー）が国産でどれくらい確保できているかという点に着目しているためです。

　農林水産省試算のデータ（2003年度、カロリーベース）を見ると、日本40％、オーストラリア237％、カナダ145％、アメリカ128％、フランス122％、ドイツ84％と、ほぼ自給自足ができています。日本と同じ島国のイギリスは70％です。

　日本の食料自給率を引き下げている要因として、①取れたものを食べるから食べたいものをとるという考え方への変化、②消費者がより安価な輸入品を選びがちなこと、が挙げられています。

### ■地産地消

　一般に、「地域で生産されたものをその地域で消費すること」を意味します。
　また国の「食料・農業・農村基本計画」では、「地域で生産されたものを地域で消費するだけでなく、地域で生産された農産物を地域で消費しようとする活動を通じて、農業者と消費者を結び付ける取組であり、これにより、消費者が、生産者と『顔が見え、話ができる』関係で地域の農産物・食品を

購入する機会を提供するとともに、地域の農業と関連産業の活性化を図ること」と位置付けています。

■フード・マイレージ

食料の生産地から食卓までの輸送に伴って発生する環境負荷を表す指標です。「輸入相手国別の食料輸入量×輸出国から輸入国までの輸送距離」で計算されます。

日本の輸入食料品の「フード・マイレージ」は、約5000億トン・キロメートル（2000年）と試算されています。人口1人当たりで見ると、韓国の約1.2倍、米国の約8.0倍となります（2003年度版環境白書より）。

食料自給率の低い日本では、食料の輸入による環境負荷がかなり大きくなります。食品の生産地と消費地が近ければフード・マイレージは小さくなり、遠くから食料を運んでくると大きくなります。また、輸入量が増加するほど数値が大きくなります。

■食育

食の知識やそれを選択する力を獲得し、健康的で安全な食生活を送るための教育のことをいい、2005年には食育基本法が施行されました。

なお、食育基本法は「国民が健全な心身を培い、豊かな人間性をはぐくむため、食育に関する施策を総合的かつ計画的に推進すること等」を目的としています。

> **eco検定 ワンポイント・アドバイス**
>
> 日本の食料自給率が40％で、先進国の中で極めて低いことと、その理由を理解しておきましょう。
> また地産地消・フード・マイレージ・食育に関しては、基本的な意味を理解しておいてください。

## キーワード 39 エコファンド

　エコファンドとは、「環境問題に熱心に取り組む企業の株式に投資を行う投資信託商品」のことで、環境ファンドともいいます。

　ここで投資信託（ファンド）とは、投資家から集めた資金を1つにまとめ、運用のプロが債券や株式などで運用し、運用成果（収益）を投資分に応じて分配するという金融制度です。

　エコファンドの特徴は、企業の成長性や財務体質に加えて、環境政策や技術の世界的な動向も合わせて検討し、投資先企業を選定していることです。そのため投資信託を実際に運用するファンドマネジャーと環境の専門家が共同で分析や調査に当たっています。

### ■SRI

　「投資をするなら社会的に有意義なものに投資しよう」という考え方を「社会的責任投資」略してSRIといいます。

　その中で、とくに「自分のお金を環境に配慮した企業に投資したい」と考える投資家をグリーン・インベスター（緑の投資家）と呼んでいます。

---

**eco検定 ワンポイント・アドバイス**

　エコファンドは、SRIファンドのうちで「企業の環境問題への取り組み」を主要な投資判断材料にして銘柄選定を行う投資信託です。

## キーワード40 グリーンコンシューマー

　地球環境問題の原因が自分自身にもあると自覚した人たちが、「自らのライフスタイルを見直し、積極的に買い方を変え、循環型社会をつくろう」と呼びかける社会活動を「グリーンコンシューマー運動」と呼びます。
　グリーンコンシューマーは「緑の消費者」、つまり「環境のことを考えて買い物をする消費者」という意味です。1988年にイギリスで発行された「ザ・グリーンコンシューマー・ガイド」(ジョン・エルキントン、ジュリア・ヘイルズ共著)が、この運動を世界に広げるきっかけになったとされています。
「環境に配慮した商品を選択するのに役立つ」と好評を博し、初年度イギリスで30万部も売れました。その後、アメリカ、イギリス、カナダ、オーストラリア、北欧4ヶ国、ドイツ、オランダ、イタリア、スペイン等々で続々出版され、世界的ベストセラーとなりました。
　イギリスでは、この本の出版により、業界1位と2位のスーパーマーケットの売り上げが入れ替わったほどです。

■グリーンコンシューマー10原則
　グリーンコンシューマー全国ネットワークが作成した原則集で、環境に配慮した買い物をするための指針となっています。

1. 必要なものを必要な量だけ買う
2. 使い捨て商品ではなく、長く使えるものを選ぶ
3. 包装はないものを最優先し、次に最小限のもの、容器は再使用できるものを選ぶ
4. 作るとき、使うとき、捨てるとき、資源とエネルギー消費の少ないものを選ぶ

5. 化学物質による環境汚染と健康への影響の少ないものを選ぶ

6. 自然と生物多様性を損なわないものを選ぶ

7. 近くで生産・製造されたものを選ぶ

8. 作る人に公正な分配が保証されるものを選ぶ

9. リサイクルされたもの、リサイクルシステムのあるものを選ぶ

10. 環境問題に熱心に取り組み、環境情報を公開しているメーカーや店を選ぶ

> **eco検定 ワンポイント・アドバイス**
>
> グリーンコンシューマー10原則は、エコライフにとっても大切なばかりです。検定に出る出ないに関係なく、日常生活で実践しましょう。

## キーワード 41 Good 減税・Bad 課税

環境問題を解決するための手段として、①規制的手法、②自主的取り組み、③経済的手法があります。

Good 減税・Bad 課税とは、環境に良い影響をもたらす物や行為に対しては減税や補助金というインセンティブを与え、悪い影響を及ぼす物や行為に対しては増税やペナルティを課すという経済的手法の考え方です。

具体的な経済的手法には、①税・課徴金、②排出権取引、③デポジット（預かり金払い戻し制度）、④補助金があります。

ここでデポジットとは、製品価格に一定金額の「デポジット（預託金）」を上乗せして販売し、製品や容器が使用後に返却された時に預託金を返却することにより、製品や容器の回収を促進する制度のことをいいます。

■炭素税（環境税）

地球環境問題・人口問題・食糧問題（互いに関連しあっています）などが深刻化し、持続する社会の構築どころか、生態系を道連れに人類が地球上から消滅してしまう可能性さえ出てきています。

そこで、「自主的取り組みだけでは間に合わない」事態を避けるために、より実効性のある制度が施行されてきています。

代表的な例として、すでに欧州では炭素税など「環境税」が相次いで登場しています。

環境税を世界で初めて導入したのは北欧のフィンランドで、1990年1月から化石燃料の炭素量に応じて課税しました。

その後、ノルウェー、スウェーデン、ドイツ、イギリス、フランスで炭素税または炭素税的な環境税が導入されており、日本でも環境省が、「環境税」という名目で課税する案を提示しています。

> **ワンポイント・アドバイス**
>
> 具体的な経済的手法として①税・課徴金、②排出権取引、③デポジット、④補助金があることを記憶しておきましょう。

## キーワード42 環境経営

　環境経営とは、簡単に言えば「環境に配慮した経営を行うこと」です。一般的には、「企業のあらゆる活動に環境という視点を優先的に持ち込み、環境保全と経営の両立を図ること」と考えていいと思います。
　ただ、これは企業利益中心主義から脱皮し切れていないという意味で、私は次のように定義しています。

　環境経営とは、①地球上のあらゆる生態系および社会の持続性を確保するために、②循環の視点に立ち、③資源量・廃棄場所・自浄能力という地球の有限性を考慮し、④企業収益と環境保全とを両立させながら、⑤自社にとっての持続性を確保するために行う経営の諸活動である。

　この定義はかなり広い観点で環境経営をとらえており、「サステナブル経営（持続可能な経営）」と言い換えることができると思います。ここで大切なことは、「企業と地球いずれにとっても持続可能でなければならない」ということです。

### ■環境マネジメントシステム

　組織や事業者が、その運営や経営の中で自主的に環境保全に関する取組を進めるに際し、環境に関する方針や目標を自ら設定し、これらの達成に向けて取り組んでいくことを「環境マネジメント」といいます。
　そして、この取り組みをスムーズに進めるための工場や事業所内の体制・手続きなどの仕組みを「環境マネジメントシステム」（EMS：Environmental Management System）といいます。
　環境マネジメントシステムには、国際規格のISO 14001や環境省が策定したエコアクション21などがあります。

◆ＩＳＯ14001

　ＩＳＯ14000シリーズとは、企業や団体などの「組織」が活動を行う際に、「環境負荷を軽減する活動を継続して実施するための仕組み」を規定した国際規格の総称です。

　そのうちＩＳＯ14001は、ＩＳＯ14000シリーズの構成要素の1つで認証登録の対象になっています。ＩＳＯ14001に適合していることを「自己宣言」で表明することもできますが、一般的には信頼性を担保するために「外部機関（第三者）による審査登録制度」が活用されています。

　この制度に基づいて組織を審査し、適合していることが確認された場合は、登録証書が発行され公に証明されることになります。

　これをＩＳＯ14001の認証（審査登録）といいます。なお有効期間は、おおむね登録日から3年間です。

　ＩＳＯ14001の特徴は次の通りです。

①どんな組織でも導入可能
②システムをつくることの要求であり、結果を要求していない
③改善の対象、レベルも自主的に決める
④システムの継続的改善が求められている
⑤審査登録の対象となっている

◆エコアクション21

　エコアクション21は、中小事業者も比較的容易に取り組める環境マネジメントシステムの1つです。環境省が「環境への取組を効果的・効率的に行うシステムを構築・運用し、環境への目標を持ち、行動し、結果を取りまとめ、評価し、報告する」ための方法としてが策定した「エコアクション21ガイドライン」に基づいています。

　ＩＳＯ14001と同様、認証・登録制度を採用しています。なお、認

証・登録は、「財団法人地球環境戦略研究機関持続性センター」が実施しています。

エコアクション21の特徴は次の通りです。

①中小企業等でも容易に取り組める
　中小事業者等の環境への取組を促進するとともに、その取組を効果的・効率的に実施するため、中小事業者でも取組みやすい環境経営システムのあり方を示すガイドラインが規定されています。
　実際にエコアクション21の認証を取得した事業者の、20％が従業員10人以下、38％が30人以下の企業です。

②必要な環境への取組を規定している（環境パフォーマンス評価）
　エコアクション21では、必ず把握すべき項目として、二酸化炭素排出量、廃棄物排出量及び総排水量が規定されています。さらに、必ず取り組むべき行動として、省エネルギー、廃棄物の削減・リサイクル及び節水の取組が規定されています。これらの取組は、環境経営に当たっての必須の要件です。

③環境コミュニケーションへの取り組みを必須にしている（環境報告）
　事業者が環境への取組状況等を公表する環境コミュニケーションは、社会のニーズであるとともに、自らの環境活動を推進し、さらには社会からの信頼を得るための必要不可欠の要素となっています。そこで、環境活動レポートの作成と公表が必須の要素として規定されています。

◆ＰＤＣＡサイクル
　環境マネジメントシステムの基本となるのは、ＰＤＣＡサイクルによる継続的改善です。

①Ｐｌａｎ（計画）：従来の実績や将来の予測などをもとにして業務計画を作成する。
②Ｄｏ（実施・実行）：計画に沿って業務を行う。
③Ｃｈｅｃｋ（点検・評価）：業務の実施が計画に沿っているかどうかを確認する。
④Ａｃｔ（処置・改善）：実施が計画に沿っていない部分を調べて処置をする。

①から④のどのステップにおいても「できない理由ではなく、できる方法を考える」という視点が不可欠です。また「Check」の段階では、「××がないからできなかった」という後ろ向きな言い訳ではなく、「○○があればできる」と前向きに検討することが大切です。

なお、ここで言う「サイクル」とは、同じところをグルグル回る円運動ではなく、周回ごとに進化する「上昇スパイラル運動」であることは言うまでもありません。

## ■LCA（ライフサイクルアセスメント）

ある製品に関して、資源の採取から製造、輸送、使用、リサイクル、廃棄などすべての段階（製品ライフサイクル）を通して、投入資源の量や環境負荷の大きさ、そしてこれらが地球や生態系に及ぼす環境影響を定量的、客観的に評価する手法です。

## ■環境配慮設計

文字通り「環境に配慮して製品を設計すること」でエコデザインともいいます。「商品の資源生産性を向上させる（環境負荷を低減する）ためにはどのような設計上の配慮が必要か」に役立つ手法ということもできます。

資源生産性の向上に焦点を当てると、環境配慮設計は製品やサービスのライフサイクル全般、つまり「資材調達・製造・物流・保管・使用・廃棄など」すべての段階で環境に配慮した企画・設計をすることが必要になります。

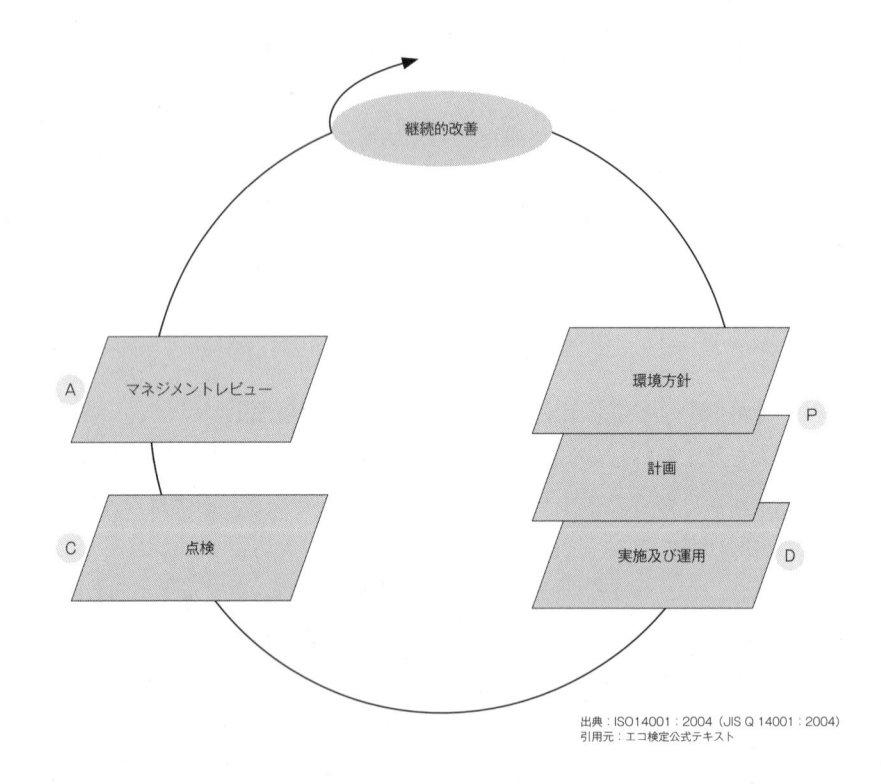

```
         継続的改善

A  マネジメントレビュー        環境方針        P
                            計画
C  点検                   実施及び運用      D
```

出典：ISO14001：2004（JIS Q 14001：2004）
引用元：エコ検定公式テキスト

　具体的には、①原材料使用量の抑制、②製造工程の簡素化、③製品使用時の省資源と省エネルギー、④耐久性の向上、⑤利用密度向上、⑥リサイクル可能性の向上、という観点で設計を進めることになります。

　なお、環境配慮設計を実施するメリットとしては、以下のことが挙げられます。

①製品原価、ランニングコスト、廃棄コストの削減
②環境リスクの低減
③環境への影響を低減することによる法的責任の軽減
④環境を考慮した新製品の開発
⑤グリーン購入・調達に有利に働く

◆トップランナー方式

　自動車の燃費基準や電気・ガス石油機器（家電・ＯＡ機器など）の省エネルギー基準を、「市場に出ている製品のうちで最高水準のエネルギー消費効率以上に設定し、技術開発を促進させる制度」です。日本では、1999年4月に施行された「改正省エネ法（正式名：エネルギーの使用の合理化に関する法律）」に導入されました。

　同法では、基準に達していない製品を販売し続ける企業は、ペナルティーとして社名と対象製品を公表、罰金を科されることになっています。2009年7月現在で23品目が特定機器として指定されています。

■オンデマンド生産

　注文があった時点で「必要な物を、必要なときに、必要な量だけ」生産することをいいます。

　ユーザーの細かなニーズに迅速に対応できるだけでなく、「大規模な設備が不要になり、エネルギー使用量（駆動・照明・空調など）や設置スペースが削減できる」、「在庫が不要になる」、「販売機会ロスを防ぐことができる」など、環境経営面でも大きなメリットがあります。

■ESCO（エスコ）事業

　ＥＳＣＯは「Energy Service Company」の略称で、ＥＳＣＯ事業とは「省エネルギーに関する包括的なサービスを提供し、顧客の利益と地球環境の保全に貢献するビジネスのこと」をいいます。

　ＥＳＣＯ事業者は、省エネルギー診断、設計・施工、運転・維持管理、資金調達などにかかるすべてのサービスを提供します。

　ＥＳＣＯ事業では、省エネルギー効果をＥＳＣＯ事業者が保証するとともに、省エネルギー改修に要した投資・金利返済・ＥＳＣＯの経費などがすべて省エネルギーによる経費削減分でまかなわれます。

　このため、導入企業における新たな経済的負担はなく、契約期間終了後の経費削減分はすべて顧客の利益となります。

■グリーン・ケミストリー

　化学製品の全ライフサイクルにわたる人の健康と生態系を含む環境への負荷を最小にするために、原料、反応試薬、反応、溶媒、製品をより安全で、環境に影響を与えないものに変換することです。持続可能であることを強調するために「グリーン・サステナブル・ケミストリー」と呼ばれることもあります。

　変換収率、回収率、選択性の高い触媒やプロセスの開発により、廃棄物のより少ない化学プロセスを構築することを目的としています。

◆グリーン・ケミストリーの12箇条
　グリーン・ケミストリーが地球環境改善に寄与するものとなるように、「グリーン・ケミストリーの12箇条」が米国のポール・アナスタス大統領科学技術政策担当者らによって提唱されています。

1. 廃棄物は「出してから処理するのではなく」、出さない。
2. 原料をなるべく無駄にしない形の合成をする。
3. 人体と環境に害の少ない反応物、生成物にする。
4. 機能が同じなら、毒性のなるべく小さい物質をつくる。
5. 補助物質はなるべく減らし、使うにしても無害なものを。
6. 環境と経費への負担を考え、省エネを心がける。
7. 原料は枯渇性資源ではなく再生可能な資源から得る。
8. 途中の修飾反応はできるだけ避ける。
9. できるかぎり触媒反応を目指す。
10. 使用後に環境中で分解するような製品を目指す。
11. プロセス計測を導入する。
12. 化学事故につながりにくい物質を使う。

■サービサイジング

　サービサイジング（Servicizing）とは、ハードウェアとしての「物」を

```
                    グリーン・サービサイジング・ビジネス
                    ┌───────────────┴───────────────┐
          ①マテリアル・サービス（モノが主）        ②ノンマテリアル・サービス
                                                      （サービスが主）
```

| ①-1 サービス提供者によるモノの所有・管理 | ①-2 利用者のモノの所管理高度化・有効利用 | ①-3 モノの共有化 | ②-1 サービスによるモノの代替化 | ②-2 サービスの高度化・高付加価値化 |
|---|---|---|---|---|
| 契約形態を変更することにより製品ライフサイクルで管理し、環境負荷を削減する | 維持管理・更新のデザインと技術により製品の長寿命化を図りサービス提供を持続拡大 | 所有を共有化することにより、製品ストックの減少（資源消費の削減を図る） | 資源を情報、知識、労働、サービスにより代替させることにより資源消費に伴う負荷削減（ITによる脱物質化サービス） | サービスの効率を図ったり、さらに付加価値を付けてサービスに付随する環境負荷を削減 |
| <具体例><br>■廃棄物処理・リサイクル代行<br>■製品レンタル・リース<br>■洗濯機のPay per Use<br>■製品のテイクバック | <具体例><br>■中古製品買取・販売<br>■中古部品買取・販売<br>■修理・リフォーム<br>■アップグレード<br>■点検・メンテナンス | <具体例><br>■カーシェアリング<br>■農機具の共同利用 | <具体例><br>■デジタル画像管理<br>■音楽配信 | <具体例><br>■廃棄物処理コーディネート<br>■ESCO事業 |

出所：今堀・盛岡（2003）「家電におけるサービサイジングの可能性に関する研究」
及び第三回グリーン・サービサイジング研究会吉田委員発表を参考に作成

売るのではなく、「物」の持つ機能に着目し、その機能の部分をサービスとして提供しようとするビジネスモデルです。「これまで製品として販売していたものをサービス化して提供する」ということです。

サービサイジングのうち、とくに環境面で優れた貢献を示すものをグリーン・サービサイジングと呼ぶことがあります。たとえば、製品の生産・流通・消費に要する資源・エネルギーの削減、使用済み製品の発生抑制などです。

■ソーシャル・マーケティング

消費者を無視した利益追求型（利益第一主義）のマーケティング手法に対し、企業の社会的責任の観点から、消費者の利益や安全性、環境保全などを主眼においたマーケティングのことをいいます。

環境経営を進める上で、今後ますます重要になってくるでしょう。

■グリーン購入（グリーン調達）

　グリーン購入とは、「購入の必要性を十分に考慮し、品質や価格だけでなく環境のことを考え、環境負荷ができるだけ小さい製品やサービスを、環境負荷の低減に努める事業者から優先して購入すること」をいいます。事業者の立場で「グリーン調達」という場合があります。
　2000年4月にグリーン購入法、正式名称「国等による環境物品等の調達の推進等に関する法律」が施行されています。

　グリーン購入は、「グリーン購入ネットワーク（GPN）」が中心となって、普及しつつあります。グリーン購入ネットワークは、環境庁（当時）の外郭団体である財団法人日本環境協会が事務局となり設立された推進団体です。企業や官公庁が物品やサービスを購入する際に、環境負荷の少ないものを選んで優先的に購入することを呼びかけています。
　グリーン購入については、もはやいかなる企業も避けて通れません。環境に配慮した製品でなければ取引ができなくなりつつあります。また、取引企業の選別手段として使われる可能性が強いと言えます。
　この状況の中で企業が存続し、発展するためには、これからの製品開発に際して、同ネットワークの「グリーン購入基本原則」が大いに参考になるでしょう。なお「グリーン購入基本原則」では、15項目をチェックポイントとしてあげています。

1. 購入する前に必要性を十分に考える
2. 資源採取から廃棄までの製品ライフサイクルにおける多様な環境負荷を考慮して購入する
3. 環境や人の健康に影響を与えるような物質の使用や排出が削減されていること
4. 資源やエネルギーの消費が少ないこと
5. 再生可能な天然資源は持続可能に利用していること
6. 長期間の使用ができること

7. 再使用が可能であること
8. リサイクルが可能であること
9. 再生材料や再使用部品を用いていること
10. 廃棄されるときに適正な処理・処分が容易なこと
11. 環境負荷の低減に努める事業者から製品やサービスを優先して購入している
12. 組織的に環境改善に取り組むしくみがあること
13. 省資源、省エネルギー、化学物質等の管理・削減、グリーン購入、廃棄物の削減などに取り組んでいること
14. 環境情報を積極的に公開していること
15. 製品・サービスや事業者に関する環境情報を積極的に入手・活用して購入していること

■環境会計

　企業などが、持続可能な発展を目指して、社会との良好な関係を保ちつつ、環境保全への取組を効率的かつ効果的に推進していくことを目的として、事業活動で発生した環境保全のためのコストとその活動により得られた効果を認識し、可能な限り定量的（貨幣単位または物量単位）に測定し伝達する仕組みのことをいいます。

　環境会計の仕組みによって、次の効果が期待されます。

①コスト対効果の把握ができる
②設備投資の意思決定材料になる
③従業員の意識向上につながる
④外部に公表することで説明責任が果たせる

■環境コミュニケーション
　企業と消費者、地域社会、従業員など、さまざまな関係者（ステークホル

ダー）との間で、環境保全への取り組みや環境負荷に関する情報などについて、効果的な受発信や対話を行うことを意味します。企業にとっても企業価値を高め、ひいては社会・経済の持続可能な発展に寄与することが期待できます。

なお国の環境基本計画では、、『環境コミュニケーション』を「持続可能な社会の構築に向けて、個人、行政、企業、民間非営利団体といった各主体間のパートナーシップを確立するために、環境負荷や環境保全活動等に関する情報を一方的に提供するだけでなく、利害関係者の意見を聞き、討議することにより、互いの理解と納得を深めていくこと」としています。

◆ステークホルダー

企業などの利害関係者全般を示す言葉です。分かりやすく表現すると「企業などの意思決定や行動によって、自らの大切なものに大きな影響を受ける人々」ということができるでしょう。

一般に、投資家、債権者、顧客（消費者）、取引先、従業員、地域社会をステークホルダーと呼ぶ場合が多いようです。さらに地球環境を意識して、「地球人類」、「生態系」、「地球という惑星そのもの」を含めて考える人もいます。

◆環境報告書

企業などの事業者が、①経営責任者の緒言、②環境保全に関する方針・目標・計画、環境マネジメントに関する状況、③環境負荷の低減に向けた取組の状況などについて取りまとめ、定期的に公表するものをいいます。

環境報告書を作成・公表することにより、環境への取組に対する社会的説明責任を果たし、ステークホルダーとの環境コミュニケーションが促進され、事業者の環境保全に向けた取組の自主的改善とともに、社会からの信頼を勝ち得ていくことに大いに役立つと考えられます。

また、消費や投融資を行う人にとっても有用な情報を提供するものと

して活用することができます。

　日本では、2005年4月に「環境配慮促進法」が施行され、国などの機関は環境配慮状況の公表、特定事業者は環境報告書の公表などが定められました。

◆環境ラベル
　消費者が環境にかかる負担の少ない製品やサービスを選ぶときのめやすとなるツールとして制定されているものです。

```
カナダ              ドイツ              EU（欧州連合）       北欧諸国
環境チョイスプログラム   ブルーエンジェル      EUエコラベル認証制度   ノルディック・スワン
1988年             1978年             1992年              1989年

韓国               台湾                クロアチア            ニュージーランド
環境ラベル           グリーンマーク        環境ラベル           環境チョイス・ニュージーランド
1992年             1992年             1993年              1990年

アメリカ             スウェーデン
グリーンシール        グッド環境チョイス
1990年             1987年                              （年は設立年）
```
出典：世界エコラベリングネットワークほか

　国際標準化機構（ISO）では、この環境ラベルについて運用ルールなどを定め、タイプⅠ、タイプⅡ、タイプⅢに分類しています。

①タイプⅠ環境ラベル
　学識経験者や有識者などの第三者が環境配慮型製品の判定基準を制定

し認証するもので、日本ではエコマークが該当します。

②タイプⅡ環境ラベル
　企業や業界団体などが自主的に制作したもので、グリーンマークや再生紙使用マークなどがあります。

③タイプⅢ環境ラベル
　タイプⅠ・Ⅱのような基準はなく、製品の環境負荷を定量的データとして表示し、環境配慮型製品としての判断を購入者に委(ゆだ)ねるものです。
　日本では、2002年に社団法人産業環境管理協会が「エコリーフ環境ラベル」制度を始めています。これは資源採取から製造、物流、使用、廃棄・リサイクルまでの製品の全ライフサイクルにわたるLCAによる定量的な環境情報を開示する環境ラベルです。
　製品ごとに定めるプログラムルールに従って作成された客観的なデータを開示するだけにとどめ、その評価は読み手・購買者に委ねられています。

　外部検証、内部検証のいずれかの方法で登録・公開が可能となったエコリーフ環境ラベルは登録番号が添付されて公開されます。その方法は、製品への添付、製品カタログや事業者のホームページへの掲載などです。

　この他、資源有効利用促進法に基づいて指定表示製品に義務づけられている識別表示マークがあります。

◆省エネラベリング制度
　2000年8月にJIS規格として導入された表示制度で、エネルギー消費機器の省エネ性能を示すものです。これは、省エネ法などに基づいてメーカーが製品やカタログに表示している情報を元にしています。

グリーンのマーク（上図）は国の目標値を達成している製品であることを示します。

オレンジのマーク（下図）は国の目標値を達成していない製品であることを示します。

この省エネラベルでは、家電製品やガス石油機器などが国の定める目標値（トップランナー基準＝省エネ基準）をどの程度達成しているか、その達成度合いをパーセントで表示しています。

2007年2月現在、エアコン、冷蔵庫、テレビ、照明器具、電気便座、ストーブなどの16品目が対象となっています。

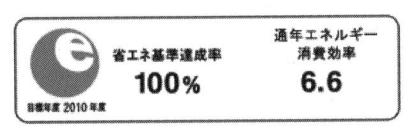

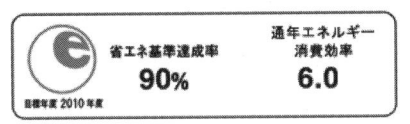

◆省エネ型製品販売事業者評価制度

省エネルギー型製品の積極的な販売、省エネルギーに関する適切な情報提供を行っている家電等販売店を「省エネ型製品普及推進優良店」として、評価・公表し消費者へ広く情報提供していく制度です。

◆エコレールマーク

二酸化炭素排出量の少ない、環境にやさしい鉄道貨物輸送を活用して地球環境問題に積極的に取り組んでいる企業や商品であると認定された場合に、その商品や企業の広告等に表示されるマークです。

社団法人鉄道貨物協会内に設けられた「エコレールマーク事務局」が運営にあたり、諮問機関として、国土交通省が選定した学識経験者で構

成される「エコレールマーク運営・審査委員会」が設置されています。申請のあった企業に対しての認定は、運営・審査委員会が行います。

◆レスポンシブル・ケア活動
　企業が化学物質の製造、運搬、使用、廃棄に至るすべての段階で、「自主的に」環境・安全・健康に関する対策を行う、社会からの信頼性向上と円滑なコミュニケーションを進めるための活動のことをいいます。
　1992年の国連環境開発会議（地球サミット）で採択された「アジェンダ21」の中で、企業に推奨されるべきこととして「レスポンシブル・ケアを伸展させること」が明示されています。
　日本では、日本化学工業協会が日本レスポンシブルケア協議会を1995年に設立して、その活動を推進しています。

エコレールマーク

◆ウォーム・ビズ
　暖房時のオフィスの室温を20℃にした場合でも、ちょっとした工夫により「暖かく効率的に格好良く働くことができる」というイメージを分かりやすく表現した、秋冬の新しいビジネススタイルの愛称です。
　重ね着をする、温かい食事を摂る、などがその工夫例です。
　ウォーム・ビズの本来の目的は、暖房に必要なエネルギー使用量を削減することによって、$CO_2$の発生を削減し地球温暖化を防止することが目的です。あくまでも過剰な暖房を抑制する呼びかけであり、暖房を

つけずに済むのであればそれが最も望まいことは言うまでもありません。

◆クール・ビズ

　冷房時のオフィスの室温を28℃にした場合でも、「涼しく効率的に格好良く働くことができる」というイメージを分かりやすく表現した、夏の新しいビジネススタイルの愛称です。「ノーネクタイ・ノー上着」スタイルがその代表です。

　また、オフィス・スペースを涼しく快適にするために服装だけでなく、窓辺に朝顔を植える「緑のカーテン」を作るなど、多くのアイデアが生まれています。

　ウォーム・ビズ同様、クール・ビズの本来の目的は「冷房に必要なエネルギー使用量を削減することによって、$CO_2$の発生を削減し地球温暖化を防止すること」です。

> **eco検定 ワンポイント・アドバイス**
>
> 　環境経営に関する用語がたくさん出てきましたね。とくに企業に勤めた経験のない人にはイメージしにくく、難しく感じたかも知れません。しかし、eco検定の合否を決めると言っていいくらい重要な項目ばかりです。ここはたっぷり時間をかけて何度も何度も復習してください。

## キーワード43 CSR

　CSRは「Corporate Social Responsibility」の略称で、企業の社会的責任と訳されます。企業活動において、社会的公正や環境などへの配慮を組み込み、従業員、投資家、地域社会などの利害関係者（ステーク・ホルダー）に対して責任ある行動をとるとともに、説明責任を果たしていくことを求める考え方です。

　CSRには、社会・環境・労働・人権・品質・コンプライアンス・情報セキュリティ・リスクマネジメントなど、多岐にわたるテーマが含まれています。

　ここでコンプライアンスは「法令遵守」と訳されますが、単に法律や規則といった法令を守ることだけを意味するのではなく、「社会的規範や企業倫理（モラル）を守ることも含まれる」とする考えが増えてきています。

### ■トリプルボトムライン

　トリプルボトムラインとは、企業活動を経済面だけでなく社会面と環境面からも評価しようとする考え方のことです。企業が社会的責任を果たすためには、①経済的にきちんと利益を上げ（経済貢献）、②環境に対して配慮し（環境貢献）、③社会に役立つ（社会貢献）存在にならなければなりません。そして、この①〜③をまとめて「トリプルボトムライン」といい、企業評価のための重要な指標になっています。

### ■CSR報告書

　企業などが、CSRを実現するために実施している社会的な取り組みをまとめた報告書のことで、持続可能性報告書（サステナビリティ・レポート）とも呼ばれています。環境、労働、安全衛生、社会貢献などに関する情報や、事業活動に伴う環境負荷実績などを幅広く公開しています。

近年、ＣＳＲへの取り組みが盛んになるにつれて、「企業価値をより正確に知ることができる」として注目されてきています。
　従来、「環境報告書」（154ページ）を発行していた企業がＣＳＲ報告書に移行するケースが増えています。

**eco検定 ワンポイント・アドバイス**

　ＣＳＲは最近の企業にとって、最も重要なテーマのひとつです。
　とくに「ＣＳＲ」と「トリプルボトムライン」については、他人に説明できるくらいまで理解を深めておきましょう。

## キーワード 44 ゼロエミッション

　ゼロエミッション構想は、国連大学のグンター・パウリ学長顧問が提唱しました。流通、生産工程から出る廃棄物を新たな原料として再利用し、最終的に廃棄物をゼロにするという考えです。
　具体的には、「A社の出した廃棄物がB社の資材・原料となり、B社の出した廃棄物がC社の資材・原料となり……というような企業連携あるいは生産プロセスのつながりをつくり、廃棄物を環境に放出しない生産プロセスを構築する」ということです。

　わが国でも、ゼロエミッションの考え方があちらこちらで取り入れられてきました。とは言っても、「まったく新しい取り組み」というわけではありません。江戸時代は世界に誇る循環社会であり、まさにゼロエミッションを実現していたのです。私たち日本人は、素晴らしい先人の伝統と知恵を謙虚に受け継ぐことで、世界をリードする２１世紀型ゼロエミッション社会を実現できる可能性があります。

　国内のゼロエミッションの取り組みとして、エコファクトリー、ゼロエミッション工業団地、エコタウン事業（地域ゼロエミッション）があります。

■エコファクトリー

　ひとつの工場から排出される廃棄物をいかにゼロにしていくかを考え、自社の生産工程から排出される廃棄物の極小化、再資源化の徹底を図るものです。
　自社主導で進められることから、比較的すぐに取り組めるという面もあり、ビール業界などで現在もっとも盛んに推進されているゼロエミッションの形態です。

#### ■ゼロエミッション工業団地

エコファクトリーは、ひとつの企業内でゼロエミッションを達成しようとするもので、大企業向きと言えます。

これに対してゼロエミッション工業団地は、中小企集がいくつか集まることによるスケールメリットを活かして、ゼロエミッションを実現しようというものです。既存の産集廃棄物処理施設の集約化や協業化など、中小企業育成の目的も含まれています。

#### ■エコタウン事集

1997年度に通産省と厚生省との連携事業として創設された制度で、地域振興の基軸として推進することにより、既存の枠にとらわれない先進的な環境調和型まちづくりを推進することを目的としています。

エコタウン事業は、ある一定の地域全体でゼロエミッションを行うという意味で「地域ゼロエミッション」とほぼ同じ概念です。一定地域内の家庭や工場から出る廃棄物をはじめ、雨水利用、コンポスト化、エネルギー体系など幅広い要素を包括しているので、地域全体での取り組みになります。

---

**eco検定 ワンポイント・アドバイス**

ゼロエミッションの意味を理解しておきましょう。

## キーワード 45 化学物質の環境リスク

環境中に排出された化学物質が、人の健康や動植物の生息または生育に悪影響を及ぼすおそれのあることをいいます。

環境リスクの大きさは、「化学物質の有害性の程度」と「呼吸・飲食・皮膚接触などの経路でどれだけ化学物質を取り込んだか（暴露量）」で決まり、一般に次式で表されます。

**化学物質の環境リスク＝有害性の程度×暴露量**

化学物質は、安全なものと有害なものに二分することはできません。

たとえば、有害性が低くても大量に暴露すれば悪影響が生じる可能性は非常に高くなり、逆に有害性が高い物質であってもごく微量の暴露であれば、悪影響が生じる可能性は低くなります。

技術的、費用的な面で限界があるものの、暴露量を少なくしたり、有害性の低い物質を使用したりすることで環境リスクを低減することができます。このため、化学物質の適切な管理と使用が望まれます。

### ■PRTR法

ＰＲＴＲ（Polllutant Release and Transfer Register：環境汚染物質排出移動登録）は、「有害性のある化学物質の環境への排出量及び廃棄物に含まれての移動量を登録して公表する仕組み」であり、行政庁が事業者の報告や推計に基づき、対象化学物質の大気、水、土壌への排出量や、廃棄物に含まれての移動量を把握し、集計し、公表するものです。

ＰＲＴＲの実施については、平成11年7月13日に公布された「特定化学物質の環境への排出量の把握等及び管理の改善の促進に関する法律（ＰＲＴＲ法）」によって定められました。

◆PRTR法のポイント

①PRTRとMSDSの2つの管理で構成されている。

PRTRは、化学物質の排出・廃棄にかかわる排出・移動量の管理であり、都道府県知事を経由して国への報告義務があります。

MSDSは、製品等に含まれる化学物質の性状・取り扱いに関する情報提供の仕組みであり、事業者間の譲渡の際にデータシートを公布する義務があります。

なお、MSDSとは化学物質安全性データシート公布制度（Material Safety Data Sheet）のことです。

②対象は、「人の健康を損なうおそれ、動植物の生息・生育に支障を及ぼすおそれ、オゾン層の破壊の性状のある物質」で政令指定された化学物質。

指定化学物質は、第1種指定化学物質（PRTRとMSDSの両方が必要）と第2種指定化学物質（MSDSのみ）からなります。

③取り扱い事業者は制令で定める業種で、化学物質を製造及び排出が見込まれるものを「指定化学物質取扱事業者」とし、とくに第1種化学物質の取り扱い事業者を「第1種化学物質取り扱い事業者」とする。

④企業秘密については所轄大臣へ理由を附しての請求により認められた場合、化学物質名でなく分類名で通知できる。

この他に、指針の策定、開示請求、調査、国地方団体による支援措置、勧告・罰則等が明文化されています。

■化審法

正式には、「化学物質の審査及び製造等の規制に関する法律」といいます。目的は、「難分解性の性状を有し、かつ人の健康を損なうおそれ、または動

植物の生息若しくは生育に支障を及ぼすおそれがある化学物質による環境の汚染を防止するため、新規の化学物質の製造または輸入に際し、事前にその化学物質が難分解性等の性状を有するかどうかを審査する制度を設けるとともに、その有する性状等に応じ、化学物質の製造、輸入、使用等について必要な規制を行うこと」です。

化審法の特徴は、「新規化学物質の事前審査制度」を世界に先駆けて導入したことです。

■EUの化学物質規制

◆RoHS（ローズ）指令
電子・電気機器における特定有害物質の使用制限についての欧州連合（EU）による指令です。

RoHS指令に基づき、2006年7月1日以降は、EU加盟国内において、鉛、水銀、カドミウム、六価クロム、ポリ臭化ビフェニル（PBB）、ポリ臭化ジフェニルエーテル（PBDE）が指定値を超えて含まれた電子・電気機器を市場に出すことができなくなりました。

◆REACH（リーチ）規則
欧州連合における人の健康や環境の保護のための法律で、すべての産業に適用されます。EU市場内での物質の自由な流通により、競争力と技術革新を強化することも目的にしています。「データ登録されていない化学物質を市場に出してはいけない」という基本理念があります。

EU域内で販売されるほぼ全ての化学物質について安全性評価を義務付けており、EU域内で年間1トン以上の化学品を販売するには、一部例外を除き、欧州化学品庁（ECHA）への「登録」が必要となります。

法の目的は「生産者責任」と「予防原則」の徹底で、これまで規制対象外だった10万件の既存化学物質にまで規制が拡大されます。

◆WEEE（ウィー）指令

　電気・電子機器の廃棄に関する指令で、EU域内で電気・電子機器を販売するメーカーは、各製品が廃棄物として環境に悪影響を与えないよう配慮する必要があります。

　また、回収・リサイクル等についても製造者責任があり、回収やリサイクルが容易な製品設計やマーキングをするとともに、回収・リサイクル費用の負担などが求められます。

　10種類の電気・電子機器について、収集・リサイクル・回収目標を定めています。

> **eco検定　ワンポイント・アドバイス**
>
> 　ここは実務的にはかなり重要なテーマですが、eco検定では名称を知っておくくらいで充分だと思います。

## キーワード 46 グローカリー

「地球的な視野で広く視点で考え、地域で（地域から）活動しよう」という呼びかけを表す英語「Think Globally, Act Locally（シンク・グローバリー、アクト・ローカリー）」を合成し短縮した言葉です。名詞形にして「グローカリゼーション」と表現されることもあります。

### eco検定 ワンポイント・アドバイス

「Think Globally, Act Locally」の意味を知っておいてください。

## キーワード47 環境モデル都市構想

　環境モデル都市は、温室効果ガスの大幅な削減など、低炭素社会の実現に向けて、高い目標を掲げて先駆的な取り組みにチャレンジするモデル都市・地域として選定された自治体のことです。

　また環境モデル都市構想は、世界の先例となる低炭素型都市構造への転換を進めるものとして「都市と暮らしの発展プラン」（平成20年1月29日、地域活性化統合本部会合了承）に位置づけられた取り組みです。

　日本政府は平成21年1月12日の広報で、「環境モデル都市の実現を支援するとともに、環境モデル都市の具体的事例を情報発信することにより、国内外での低炭素社会づくりへの取り組みを広げていく」と述べています。

　選定された都市は、「環境モデル都市アクションプラン」を策定し、実施に取り組むことになります。

　なお環境モデル都市として、北海道帯広市、北海道上川郡下川町、神奈川県横浜市、富山県富山市、福岡県北九州市、熊本県水俣市（以上、2008年7月22日指定）、東京都千代田区、長野県飯田市、愛知県豊田市、京都府京都市、大阪府堺市、高知県高岡郡檮原町（ゆすはら）、沖縄県宮古島市（以上、2009年1月22日指定）が選定されています。

### eco検定 ワンポイント・アドバイス

　環境モデル都市選定の重要ポイントとして、①低炭素社会の実現を目標としていること、②高い目標を掲げていること、③先駆的な取り組みにチャレンジしていること、が挙げられています。

## キーワード 48 モーダルシフト

　従来からの輸送手段をより環境負荷の小さい手段に切替える対策の総称です。運輸部門の二酸化炭素発生量の大半は自動車によるため、狭義には「二酸化炭素発生量の削減を目的とした、トラックによる貨物輸送から、鉄道や船舶に転換すること」を意味することもあります。

　大量の幹線貨物輸送をモーダルシフトした場合、エネルギー節減、二酸化炭素、窒素酸化物の排出抑制、道路交通騒音の低減、労働力不足の解消などのメリットが期待されますが、一方でコンテナ列車、コンテナ船の増強、ターミナル駅、港湾の整備などが必要となる場合があります。

モーダルシフトとは
鉄道・内航海運等のより環境負荷の小さい輸送モードの活用により、$CO_2$ 排出量削減等の環境負荷軽減を図ること

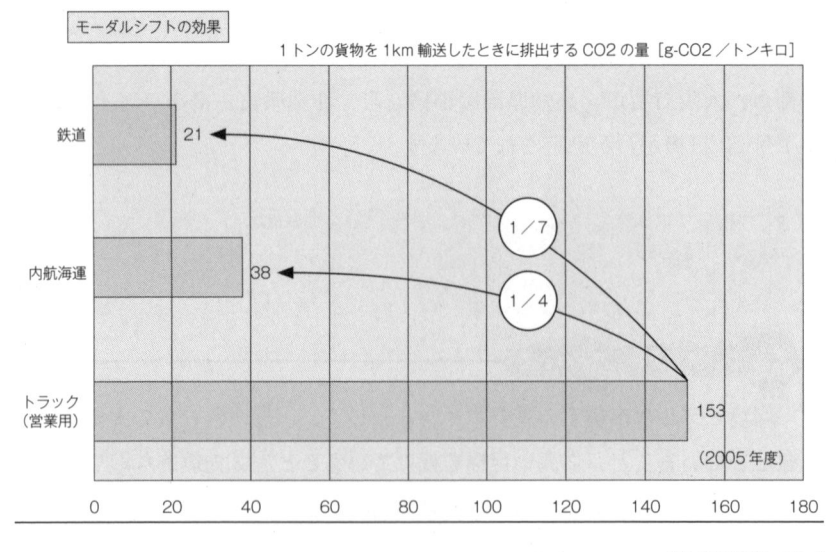

モーダルシフトの効果
1トンの貨物を1km輸送したときに排出する$CO_2$の量 [g-CO2／トンキロ]

|  |  |
|---|---|
| 鉄道 | 21 |
| 内航海運 | 38 |
| トラック（営業用） | 153 |

（2005年度）

鉄道：1／7
内航海運：1／4

出典：国土交通省ホームページ

◆環境ロードプライシング
　有料道路に料金格差を設けることで、住宅地域から環境影響の少ない湾岸部などに大型車を中心とした車両を誘導することをいいます。
　住宅地域への交通の集中による交通渋滞や大気汚染などを緩和して、沿道環境を改善することを目的としています。日本国内では、首都高速道路湾岸線と阪神高速道路5号湾岸線で実施されています。

◆パークアンドライド
　自宅から自分で運転してきた自動車をターミナル周辺に設けられた駐車場に置き、そこから公共交通機関を利用して目的地へ向かうシステムのことをいいます。
　都市部の渋滞を軽減し、排ガス（二酸化炭素、有害物質）の発生を抑制し削減する効果が期待されます。

◆カーシェアリング
　一般に登録を行った会員間で「特定の自動車を共同使用する」サービスないしはシステムのことです。レンタカーは不特定多数が利用するシステムですが、カーシェアリングは通常、予め登録した会員だけに対して自動車を貸し出すものです。
　利用者は必要なときに一定金額を支払って車を利用することになるため、車を財産・資産として所有するのではなく経費としてとらえることになります。
　環境面においては、過剰な自動車の利用を抑制する効果があるといわれています。

◆LRT（Light Rail Vehicle）
　欧米を中心とする各都市において都市内の道路交通渋滞緩和と環境問題の解消を図るために導入が進められている新しい軌道系交通システムのことです。

道路の幅員、交通量と沿道土地利用に応じて、路面のみならず地下、高架も走行でき、柔軟性に富んだ走行性と利便性を併せ持っています。また、建設・導入コストが他の交通システムと比較して安いことが特徴です。

　近年では、ユニバーサルデザインの思想のもと、多くの車両が高齢者にもやさしい超低床車両（床面の高さが極めて低い車両）となるなど、路面からすぐに乗れる公共交通として利用されています。床面が低いことから、停留場のプラットホームからもステップ（段差）を用いずに乗車することができます。

> **eco検定 ワンポイント・アドバイス**
>
> 各用語の意味と特徴を押さえておきましょう。

## キーワード 49 チャレンジ25キャンペーン

　チャレンジ25とは、鳩山総理が国連気候変動サミットで打ち出した「2020年までに温室効果ガス25％削減」の目標にむけて、あらゆる政策を動員して温暖化防止を推進していくことです。そして2010年1月、「チャレンジ25キャンペーン」という国民的運動としてスタートしました。

　なお「チャレンジ25キャンペーン」は、2009年12月まで日本政府が主導していた「チーム・マイナス6％」が移行したプロジェクトです。

　ここで「チーム・マイナス6％」とは、京都議定書による我が国の温室効果ガス6％削減約束に向けて、国民一人ひとりがチームのように一丸となって地球温暖化防止に立ち向かうことをコンセプトに、2005年4月から政府が推進していた国民運動のことです。

### eco検定 ワンポイント・アドバイス

　しばらくは「チャレンジ25キャンペーン」と「チーム・マイナス6％」をセットで覚えておいてください。

## キーワード50 エコマネー

　国が発行する国民通貨に対して、地域住民自身が発行する擬似的通貨であり、地域通貨の一部です。
　地域の助け合いを促すために、交換可能な限定された場所における、使うことを目的とする通貨で、利息がつかず貯蓄性がないことが特徴です。

### eco検定 ワンポイント・アドバイス

　ここではエコマネーを地域通貨の一部と表現しましたが、（厳格な定義が求められる場合でなければ）「エコマネー＝地域通貨」と考えても差し支えないと思われます。

## キーワード 51 ナショナル・トラスト活動

寄附を募って土地や建造物などを取得したり、所有者と保全契約を結んで開発を防ぐなどの方法によって、国民自らが自然環境や歴史的価値を有する文化遺産等の景観を保全、管理し、それらの財産を広く一般に公開する市民運動をいいます。

1985年、イギリスで作られた環境保護団体「ザ・ナショナル・トラスト」に、ビアトリクス・ポター(ピーターラビットの原作者)がスコットランドの湖水地方保護を求め土地管理を託したことがきっかけで始まったと言われています。

### eco検定 ワンポイント・アドバイス

国民「自ら」が保全、管理するというところがポイントです。

## キーワード 52 コミュニティ・ビジネス

　中小企業庁は、2004年版中小企業白書の中で、「従来の行政（公共部門）と民間営利企業の枠組みだけでは解決できない、地域問題へのきめ細やかな対応を地域住民が主体となって行う事業である。社会貢献性の高い事業であると同時に、ビジネスとしての継続性も重視される点で、いわゆるボランティアとは異なる性格を持っている」と説明しています。

　また、その特徴として「①地域住民が主体である、②利益の最大化を目的としない、③コミュニティの抱える課題や住民のニーズに応えるため財・サービスを提供する、④地域住民の働く場を提供する、⑤継続的な事業または事業体である、⑥行政から人的、資金的に独立した存在である、等が挙げられる」としています。

■環境コミュニティ・ビジネス

　上記「コミュニティ・ビジネス」のうち、地域の環境保全や環境改善、リサイクル活動など、環境分野に取り組む事業をいいます。
　また環境コミュニティ・ビジネスは、「地域の企業・NPO・市民団体等の地域コミュニティを形成する主体が連携・協働し、地域が抱える環境問題を解決し、地域コミュニティの構築・拡大強化を通して地域住民の環境面での便益向上につながる収益性のある事業」とも言えます。

　環境コミュニティ・ビジネスで取り組まれるテーマとしては、リサイクル、環境配慮型交通システム（自転車の共同利用など）、環境学習、緑化、環境コンサルティングなど様々なものがあります。

> **eco検定 ワンポイント・アドバイス**
>
> 　一般的なコミュニティ・ビジネスの特徴は、そのまま環境コミュニティ・ビジネスの特徴でもあります。しっかり理解しておいてください、

# 4章

## 環境保全に関する法規制

世界各国は公害や環境破壊を防止するために、様々な法規制を整備しています。以前は公害などが発生した後になって規制する事後対策的な要素が強かったのですが、とくに国連環境開発会議（地球サミット）以降は「予防原則」や「ノーリグレット・ポリシー」に基づいた法規制が採用されるようになりました。

## キーワード53 予防原則

　ある化学物質や技術などにおいて、人の健康や環境に重大かつ不可逆的な影響を及ぼすおそれがある場合、科学的に因果関係が十分証明されない状況でも規制措置を可能にする制度や考え方のことです。

　国連環境開発会議（地球サミット）で採択されたリオ宣言の原則15では、予防原則について「予防的方策」という言葉を用いて次のように説明しています。

　「環境を保護するため、予防的方策は、各国により、その能力に応じて広く適用されなければならない。深刻な、あるいは不可逆的な被害のおそれがある場合には、完全な科学的確実性の欠如が、環境悪化を防止するための費用対効果の大きい対策を延期する理由として使われてはならない」。

　地球サミット以後に世界各国が様々な施策を実施する際には、この原則に基づいた予防的方策が基本的な考え方して取り入れられています。
　日本の環境基本法でも、第4条で「……科学的知見の充実の下に環境の保全上の支障が未然に防がれることを旨として、行わなければならない」と規定されています。

---

**eco検定 ワンポイント・アドバイス**

　リオ宣言の原則15に書かれている「……完全な科学的確実性の欠如が、環境悪化を防止するための費用対効果の大きい対策を延期する理由として使われてはならない」の部分が「予防原則」の精神をよく表しています。

## キーワード 54 ノーリグレット・ポリシー

後悔しない政策、つまり「何か事が起こってから後悔しないように手を打っておくこと」です。

しかし、経済発展を何よりも重視する人にとっては、「地球温暖化防止のために資金を使いすぎた、と後になって後悔しないような政策」と理解するかも知れません。

ここでいう「ノーリグレット・ポリシー」とは、あくまでも前述の「予防原則」に基づくものです。

たとえば地球温暖化（気候変動）は因果関係を100％科学的に証明できるものではありません。しかし、ＩＰＣＣが「20世紀半ば以降の気温上昇は、人間活動による確率が90％以上」と発表していることを考えると、何も対策をしないリスクは極めて大きくなります。

このためＩＰＣＣは、「気候変動の影響が手遅れになる前に予防的方策をとるべき」として「ノーリグレット・ポリシー」の立場で政策提言しているのです。

### ■日本の環境法

日本では、公害問題に対処するために1967年に「公害対策基本法」が施行されました。しかし地球全体に関わる地球環境問題に対応できなくなったため、1993年に「環境基本法（115ページ）」が施行され、公害対策基本法は廃止されました。

現在は、環境基本法の下に①公害の防止、②廃棄物・リサイクル対策、③地球環境保全に関わる数多くの環境法が施行されています。

184ページの図は、現在施行されている日本の環境法を体系図にしたものです。

■国際的な環境に関する会議および条約

　国際的にも世界各国で環境法が整備されていますが、ここでは地球環境保全に関係している「国際法」について、簡単にまとめておきましょう。

　ここで「国際法」とは「国家間における交流のルール」のことをいいます。

　国際法は立法機関がないので、国家間の「条約」によって成立します。国家間で結ばれた国際法としての条約においては、条約加盟国は当然従わなくてはいけませんが、加盟国でなければ従う必要はありません。

　なお「議定書」は、一般に既存の条約を補完する条約の名称として用いられます。たとえば、京都議定書は気候変動枠組条約を補完する内容を持っています。

■地球環境保全のための条約および議定書

　ここで本書に出てきた地球環境保全を目的としている条約と議定書を整理しておきましょう。一部、本書で解説していないものもありますが、参考にしてください。

◆地球温暖化
①気候変動に関する国際連合枠組条約（気候変動枠組条約）が1992年に地球サミットで採択され、1994年に発効した。
②京都議定書（108ページ）が1997年に採択され、2005年に発効した。

◆オゾン層の破壊
①ウィーン条約が1985年に採択され、1988年に発効した。
②モントリオール議定書が1987年に採択され、1989年に発効した。

◆酸性雨
①長距離越境大気汚染条約が1979年に採択され、1983年に発効した。
②硫黄酸化物排出削減のためのヘルシンキ議定書が1985年に採択され、1987年に発効した。

③窒素酸化物排出削減のためのソフィア議定書が1988年に採択され、1991年に発効した。

◆砂漠化
　国連砂漠化対処条約が1994年に採択され、1996年に発効した。

◆生物多様性
①ワシントン条約が1973年に採択され、1975年に発効した。
②ラムサール条約が1971年に採択され、1975年に発効した。
③生物多様性条約が1992年に地球サミットで採択され、1993年に発効した。
④カルタヘナ議定書が2000年に採択され、2003年に発効した。

## 環境基本法 H5.11.19 公布

**公害の防止**
- 大気汚染防止法 S43.6.10 公布
- 自動車排ガス規制法（NOx・PM法）S45.12.25 自動車から排出される窒素酸化物及び粒子状物質の特定地域における総量の削減等に関する特別措置法
- 悪臭防止法 S46.6.1 公布
- 騒音規制法 S43.6.10 公布
- 振動規制法 S51.6.10 公布
- 水質汚濁防止法 S45.12.25 公布
- PRTR法 H11.7.13 特定化学物質の環境への排出量の把握等及び管理の改善の促進に関する法律
- ダイオキシン類対策特別措置法 H11.7.16 公布

**廃棄物・リサイクル対策**
- 環境影響評価法 H9.6.13 公布
- グリーン購入法 H12.5.31 国等による環境物品等の調達の推進等に関する法律
- 循環型社会形成推進基本法 H12.6.2 公布
- 廃棄物処理法 S45.12.25 廃棄物の処理及び清掃に関する法律
- 資源有効利用促進法 H3.4.26 資源の有効な利用の促進に関する法律
- 容器包装リサイクル法 H7.6.16 容器包装に係る分別収集及び再商品化の促進等に関する法律
- 家電リサイクル法 H10.6.5 特定家庭用機器再商品化法
- 食品リサイクル法 H12.6.7 食品循環資源の再生利用等の促進に関する法律
- 建設リサイクル法 H12.5.31 建設工事に係る資材の再資源化等に関する法律
- 自動車リサイクル法 H14.7.12 使用済自動車の再資源化等に関する法律
- PCB特別措置法 H13.6.2 ポリ塩化ビフェニル廃棄物の適正な処理の推進に関する特別措置法

**地球環境保全**
- 気候変動枠組条約締結国会議（COP）
- 地球温暖化防止京都会議（COP3）
- 京都議定書
- 地球温暖化対策推進法 H10.10.9 地球温暖化対策の推進に関する法律 公布
- オゾン層保護法 S.63.5.20 特定物質の規制等によるオゾン層の保護に関する法律
- フロン回収破壊法 H13.6.22 特定製品に係るフロン類の回収及び破壊の実施の確保等に関する法律
- 海洋汚染海上災害防止法 S45.12.25 海洋汚染及び海上災害の防止に関する法律
- 省エネルギー法 S54.6.22 エネルギーの使用の合理化に関する法律
- 地球温暖化対策推進大綱 H14.3.19 公布

[資料]
・環境法令研究会「環境六法」（中央法規）
・循環型社会法研究会「循環型社会形成推進基本法の解説」（ぎょうせい）
・環境省「循環型社会白書 平成16年度版」（ぎょうせい）

---

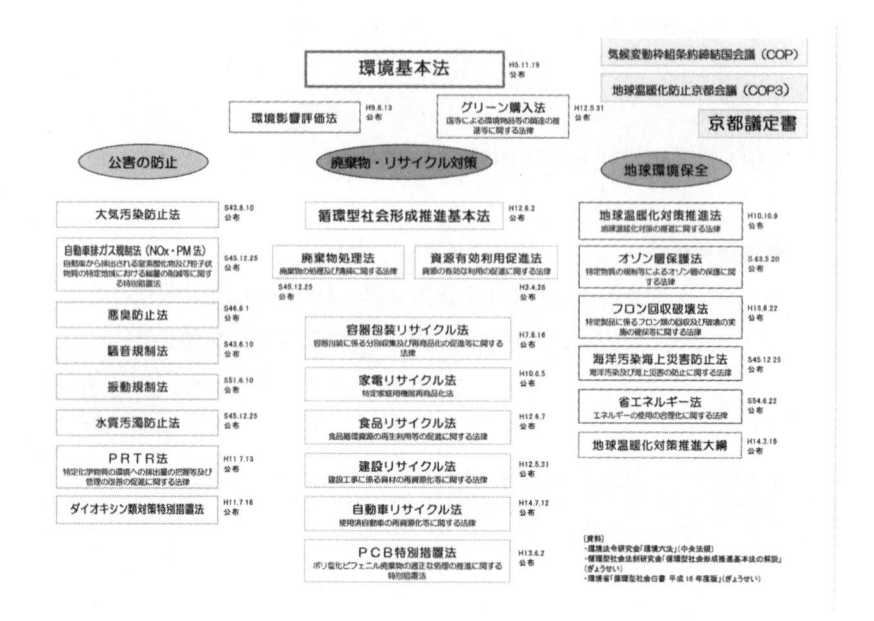

**eco検定 ワンポイント・アドバイス**

　日本の環境法の体系図をじっくり眺めて、イメージをつかんでおきましょう。
　また、国際法については「採択された年」と「発効した年」を混同しないように整理しておきましょう。

おわりに

　ここまで54のキーワードをはじめ、たくさんの環境用語を紹介してきました。「多すぎて覚えきれない」という人、「少なすぎて物足りない」という人……様々な感想が出てくると思います。
　ただ「eco検定にできるだけ高得点で合格したい人」や、「エコ活動をより充実させたい人」にとって大切な項目ばかりを選んでいますので、ぜひともしっかりマスターしていただきたいと思います。
　さらに詳しく・深く学習したい方は、拙著『目からウロコなエコの授業』や『利益を生みだす「環境経営」のすすめ』（いずれも総合法令出版）をお読みください。環境問題に対する疑問が解けたり、具体的なアイデアが湧いてきたりして、自信を持ってエコ活動や環境経営活動に望めるようになるはずです。

　ところで、私は「eco検定にも役立つものにしたい」という想いから、本書では私自身の意見や主張を最小限に抑えてきました。受験される方が混乱しては元も子もなくなるからです。

　しかし最後の「キーワード55」に関しては、私自身の意見を書いています。ほとんど同じことを前記2種の拙著に書いていますが、「それだけ重要なキーワードだと信じている証」と理解していただければ幸いです。

## キーワード 55　もったいない

　もったいない。日本では昔から「当たり前のこと」でしたが、近年、その精神が失われつつあります。この状況を憂う人たちが、その大切さを訴え続けています。

　年配の人ばかりではなく、日本青年会議所が1993年に『もったいない読本』という素晴らしい本を出しています。しかし残念ながら、「もったいない」は「説教臭い」とか「ダサイ」という言で掻き消されていました。

　そんな中、2004年のノーベル平和賞を受賞されたケニアのワンガリ・マータイさんが、来日した際に「もったいない」の意味を知って感動し、『MOTTAINAI』を世界に広める活動を始められました。
　素晴らしいことですし、ありがたいことだと思います。

　しかし、これからは私たち日本人の番です。マータイさんだけに頼らずに、私たち日本人自身が誇りを持って「もったいない精神」を世界に伝えていかなければなりません。

> **eco検定 ワンポイント・アドバイス**
>
> ワンガリ・マータイさんは「もったいない」という言葉を提唱したのではなく、来日して知った「もったいない精神」に感動し、『MOTTAINAI』という語を世界に広めておられるのです。

■もったいないとは?

　私は、「もったいない」には2つの意味があると考えています。
　1つは「勿体ない」、つまり「たくさんある物をやたらに使っては惜しいという気持ち」を表す意味です。これは、松原泰道師（2009年101歳でご

逝去されました）が『人徳の研究』（大和出版）で書かれている意味です。

　昔、水はふんだんにあるにもかかわらず、おじいちゃん、おばあちゃんたちは「勿体ない、勿体ない」と言って大切にしていました。後世すべての「いのち」のために、杓に汲んだ水のうち半分を元に戻すという「半杓の水」という故事も残っています。

　もう１つは、「その人、その物を活かしきっていない」という意味です。「勿体あらしめる」の反対語としての「勿体ない」ということですね。「この世に存在する、あるいはこの世に生まれてきた目的を果たせずいる」ことを惜しむ気持ちです。

　少なくとも「もったいない」には、これら２つの意味が含まれていると思います。

　では、現実問題として「もったいない」は、どのような行動の原動力になっているのでしょうか？

　その前に、もう一度「もったいないの２つの意味」を確認しておきましょう。

　１つは「たくさんある物をやたらに使っては惜しいという気持ち」、そしてもう１つは「その人、その物を活かしきっていない」という意味でしたね。

　さてここでビジネスの世界を見てみましょう。学生さんには馴染み薄いかも知れませんが、将来のために知っておいてくださいね。

　　◆ビジネスにおける「もったいない」
　　私見ですが、現在「もったいない」は２つの潮流の中に見ることが

できます。

その1：
　ビジネスの世界にこそもったいないの精神が大切。店頭で売れ筋商品を欠品して販売機会を逃がしたとき、全社員が「もったいない」と反省できる企業風土をつくりたい。もったいないというのは、ケチくさい、消極的思考ではない。無駄を極力省き、かつ販売機会ロスを防ぐ前向きな考え方である。

　これは、ある大手コンビニチェーンの社長さんの言葉です。

その2：
　当社がレンタル事業を始めたのは、「もったいない」という考えからです。それは物がたくさんあるから消費してもよい、少なくなったから節約しようという単純な考えからではありません。
「もったいない」の逆、「もったいある」というのは、物の本体をあらしめるということです。有機物であろうと無機物であろうと、この世に存在するもののすべてを十分に活用することが、物の本体をあらしめることなのです。

　これは、大手レンタル企業の会長さん（故人）の言葉です。

　さて、皆さんはどちらの考えに共鳴しますか？


　もちろん人それぞれですから、どのように考えても自由です。ただ言えることは、現在は前者の経営者やビジネスマンをスゴ腕とかヤリ手とかいって評価する傾向が大きいということです。
　まだまだ薄利多売（1つ当たりの利益は小さくても、たくさん売れば

トータルの利益が大きくなる）や「君のは古いよ捨てなさい」という計画的陳腐化戦略を崇拝する人が多いということですね。

ただし、この戦略は「物を早く捨てさせる」ことが奨励されている場合と、「捨てるときのコストがタダ」のときにだけ通用するものです。

もうお分かりのように、「すぐに壊れる製品は相手にされなくなったこと」、また「ゴミや廃棄物回収の有料化」などで、このような戦略は通用しなくなりつつあります。

一方で、後者の考え方がだんだん支持され、評価されるようになってきています。私は明らかに時代が変わってきているように思いますが、皆さんはどのように思われますか？

◆「もったいない」と最近の企業不祥事

近年、賞味期限切れの食材を使った企業不祥事が相次いでいます。新聞やニュースで大きく取り上げられたので、中学生といえども知っているでしょう？

「経験上、充分に食べられる状態だったので、もったいないと思って使用した」。

こんなコメントが経営者や工場長から出されています。

これを聞いて、皆さんはどう思われますか？

「もっともだ。そもそも賞味期限が来ても充分食べられるし、余ったからといって捨てるのは環境的にも問題だ」。

「隠していたのは良くないが、会社の言うことにも一理ある。賞味期限が切れていると言って、まだ食べられる食材を拒否する消費者にも問題

がある」。

　環境問題に関心のある人は、このような意見が多いようです。環境負荷（人間の活動が環境に与える悪影響）の観点から考えると、何かもっともらしくて、確実そうですね。

　残り物がたくさん出てきたからといって、やたらと廃てるのは「もったいない」。
　だから、廃棄しないで食品（商品）に使ったのだ！

なるほど、一理ありそうですね。

しかし、今なお繁栄を続けている老舗は「その物を活かしきっていないのは惜しい」という立場で次のように考えます。

　**そもそもたくさん残り物を出すこと自体が、その食材を活かしきっていない**という意味で「もったいない」。
　だから、残り物が出ないように、つまり、捨てるものがなくなるように計画し、実行しているのだ！

　この違いは極めて重要です。
　本書を通読された方には明らかだと思いますが、「その２」の「もったいない」の方が、「食材の購入量が減らせる」、「その分、消費エネルギーが減少し、電気代やガス代を安くできる」、「廃棄物処理コストが低減できる」など、企業としてのメリットが大きいのです。

　何も産業界に限らず、私たち個人個人も、資源・捨てる場所・自浄能力の有限性を理解し、「物を活かしきる」という発想で生活する必要があるのではないでしょうか。

企業利益にも、家計にも、環境にも良い！

みんなで、「物を活かしきらないのは惜しい」という「もったいない」を拡げていきしょう！

**参考文献**

『eco検定公式テキスト　改訂版』東京商工会議所編著
　　　　　　　　　　　　　　　（日本能率協会マネジメントセンター）
『環境循環型社会白書・各年度版』環境省編（ぎょうせい・日経印刷）
『ＩＰＣＣ地球温暖化第四次レポート』ＩＰＣＣ編（中央法規出版）
『これで解決！　環境問題』立山裕二著（総合法令出版）
『目からウロコなエコの授業』立山裕二著（総合法令出版）
『利益を生みだす「環境経営」のすすめ』立山裕二著（総合法令出版）

■著者プロフィール
立山 裕二（たてやま　ゆうじ）
1956年大阪市生まれ、尼崎市育ち。1979年関西大学卒業。
小学生の頃より環境問題に取り組み、現在はココロジー経営研究所代表およびNGO環境パートナーシップ協会会長として、行政や企業に提言を行っている。また、全国各地の学校や企業、団体などで1,700回を超える講演を行っている。
著書に『だれも教えなかった環境問題』『「環境」で強い会社をつくる』『これで解決！環境問題』『あなたの成長が地球環境を変える！』『利益を生みだす「環境経営」のすすめ』（いずれも総合法令出版）がある。
経済産業省登録中小企業診断士、大阪バイオメディカル専門学校・非常勤講師、環境アドバイザー、心理カウンセラー。

■ココロジー経営研究所
環境貢献と企業経営の両立を支援します。
〒661-0953　尼崎市東園田町2-211 カステリア緑翠苑205
TEL/FAX　　06-6493-8716
電子メール　　kokorogy@nifty.com
ホームページ　http://www.kokorogy.com

■NGO環境パートナーシップ協会
一人ひとりが自分のできることを実践し、みんなで協力し合って環境を良くし、永続可能な社会を創造することを目的として設立した環境NGOです。
〒540-0034　大阪市中央区島町2-1-5-2F
TEL　　06-6944-8977　FAX　06-6944-8955
ホームページ　http://www.kankyou-partner.com

視覚障害その他の理由で活字のままでこの本を利用出来ない人のために、営利を目的とする場合を除き「録音図書」「点字図書」「拡大図書」等の製作をすることを認めます。その際は著作権者、または、出版社までご連絡ください。

---

キーワードで読む環境問題55

2010年3月8日　初版発行

著　者　立山裕二
発行者　野村直克
発行所　総合法令出版株式会社
　　　　〒107-0052　東京都港区赤坂1-9-15
　　　　日本自転車会館2号館7階
　　　　電話　03-3584-9821（代）
　　　　振替　00140-0-69059
印刷・製本　中央精版印刷株式会社

ISBN 978-4-86280-196-8
©Yuji Tateyama　2010　Printed in Japan
落丁・乱丁本はお取替えいたします。
総合法令出版ホームページ　http://www.horei.com/